计算机课程改革实验教材系列

Photoshop CS3 案例教程

段 欣 主编

電子工業出版社

Publishing House of Electronics Industry

北京·BEIJING

内 容 简 介

为适应中等职业学校计算机课程改革的要求，从平面设计和制作技能培训的实际出发，结合当前平面设计软件的流行版本 Photoshop CS3，我们组织编写了本书。本书的编写从满足经济发展对高素质劳动者和技能型人才的需要出发，在课程结构、教学内容、教学方法等方面进行了新的探索与改革创新，以利于学生更好地掌握本课程的内容，利于学生理论知识的掌握和实际操作技能的提高。

本书采用实训教学的方法，通过具体的实训任务讲述了平面设计基础知识、工具的使用、图层、通道与蒙版、滤镜及其特效、色彩视觉应用等，并通过最后的综合实训，展示平面设计综合应用的相关技巧。

本书是中等职业学校计算机平面设计专业的教材，也可作为各类计算机培训班的教材，还可以供计算机平面设计、制作从业人员参考学习。

本书配有教学指南、电子教案、案例素材及习题答案，详见前言。

未经许可，不得以任何方式复制或抄袭本书之部分或全部内容。
版权所有，侵权必究。

图书在版编目（CIP）数据

Photoshop CS3 案例教程／段欣主编 . —北京：电子工业出版社，2010.2
（计算机课程改革实验教材系列）
ISBN 978-7-121-10273-8

Ⅰ. P… Ⅱ. 段 Ⅲ. 图形软件，Photoshop CS3－专业学校－教材 Ⅳ. TP391.41

中国版本图书馆 CIP 数据核字（2010）第 013231 号

策划编辑：关雅莉 特约编辑：李新承
责任编辑：关雅莉 杨 波
印 刷：北京盛通商印快线网络科技有限公司
装 订：北京盛通商印快线网络科技有限公司
出版发行：电子工业出版社
　　　　　北京市海淀区万寿路 173 信箱 邮编 100036
开 本：787×1092 1/16 印张：12.5 字数：320 千字
版 次：2010 年 2 月第 1 版
印 次：2023 年 8 月第 20 次印刷
定 价：21.00 元

前　言

　　为适应中等职业学校技能紧缺人才培养的需要，根据计算机课程改革的要求，从平面设计和制作技能培训的实际出发，结合当前平面设计软件的流行版本 Photoshop CS3，我们组织编写了本书。本书的编写从满足经济发展对高素质劳动者和技能型人才的需要出发，在课程结构、教学内容、教学方法等方面进行了新的探索与改革创新，以利于学生更好地掌握本课程的内容，利于学生理论知识的掌握和实际操作技能的提高。

　　本书按照"以服务为宗旨，以就业为导向"的职业教育办学指导思想，采用"行动导向，任务驱动"的方法，以实训引领知识的学习，通过实训的具体操作引出相关的知识点；通过"案例描述"、"案例分析"和"操作步骤"，引导学生在"学中做"、"做中学"，把基础知识的学习和基本技能的掌握有机地结合在一起，从具体的操作实践中培养自己的应用能力；并通过"知识链接"和"知识拓展"介绍相关知识，进一步开拓学生视野；最后通过"思考与实训"，促进读者巩固所学知识并熟练操作。本书的经典案例来自于生活，更符合中职学生的理解能力和接受程度。

　　本教材共分 6 章，依次介绍了 Photoshop CS3 概述、工具的使用，图层、通道与蒙版，滤镜及其特效，色彩视觉应用，综合实训等内容。

　　本书由山东省教学研究室段欣主编，烟台职教教研室杨华担任副主编，山东特殊教育中专梁胶东和龙口高级职业学校赵翠红参加编写，一些职业学校的老师参与了程序测试、试教和修改工作，在此表示衷心的感谢。

　　由于编者水平有限，难免有错误和不妥之处，恳请广大读者批评指正。

　　为了提高学习效率和教学效果，方便教师教学，本书还配有教学指南、电子教案、案例素材及习题答案。请有此需要的读者登录华信教育资源网（http://www.hxedu.com.cn）免费注册后进行下载，有问题时请在网站留言板留言或与电子工业出版社联系（E-mail:hxedu@phei.com.cn）。

编　者

2010 年 2 月

目　　录

第1章 Photoshop CS3 概述

Photoshop 是由美国 Adobe 公司开发的专业级图像编辑软件，具有丰富的内容和无穷的魅力，其用户界面易懂、功能完善、性能稳定，是目前最为流行的图形图像编辑应用软件，广泛应用于广告创意、平面构成、三维效果处理及图像后期合成等，在几乎所有的广告、出版和软件公司，Photoshop 都是首选的平面设计工具。

Photoshop 的专长在于图像处理，而不是图形创作。图像处理是对已有的位图图像进行编辑加工处理并运用一些特殊效果，其重点在于对图像的处理加工，这类软件还有友立公司的 Photoimpact 等；图形创作软件是按照自己的构思创意来设计新的图形，这类软件主要有 Adobe 公司的著名软件 Illustrator 和 Freehand 等。

Photoshop 从 CS3 开始首次分为两个版本，分别是常规的标准版和支持 3D 功能的 Extended（扩展）版。本教材以 Extended（扩展）版为例进行讲解。

Photoshop CS3 作为 Adobe 的核心产品，不仅完美兼容了 Vista，更重要的是它包含了几十个激动人心的全新特性，如支持宽屏显示器的新式版面、集 20 多个窗口于一身的 dock、占用面积更小的工具栏、多张照片自动生成全景、灵活的黑白转换、更易调节的选择工具、智能的滤镜、改进的消失点特性、更好的 32 位 HDR 图像支持，等等。Adobe Photoshop CS3 是电影、视频和多媒体领域专业人士的最佳工具，同时也是 3D、动画图形、Web 设计人员及工程和科学领域人士的理想选择。

本章主要介绍 Photoshop CS3 的基础知识、工作界面及基本操作，使读者对利用 Photoshop CS3 进行图像处理的过程有个初步了解。

1.1 图形图像基础知识

1. 图形图像类型

计算机图形图像一般可以分为位图图像和矢量图形两大类，这两种图像类型有着各自的优点，在使用 Photoshop CS3 处理编辑图像文件时经常交叉使用这两种类型。

（1）位图图像

位图也称为点阵图，它是以大量的色彩点阵列组成的图案，每个色彩点称为一个像素，每个像素都有自己特定的位置和颜色值，所以对位图的编辑实际上就是对一个个像素的编辑。位图的优点在于它可以表现颜色的细微层次变化，所以常被用于连续色调图像（如照片或数字绘画）的保存。但位图图像的清晰度与分辨率有关系，其缺点是如果在屏幕上对它们进行放大或以低于创建时的分辨率来打印时，将会呈现锯齿状失真，而且位图文件占用的存储空间较大。

（2）矢量图形

矢量图使用直线和曲线来描述图形，这些图形的元素是一些点、线、矩形、多边形、圆和弧线等，它们都是通过数学公式计算获得的，所以对矢量图形的编辑实际上就是对组成矢量图形的一个个矢量对象的编辑。矢量图形与分辨率无关，将它们缩放到任意尺寸或按任意分辨率打印，都不会丢失细节或降低清晰度。

2. 图形图像存储格式

图形图像的存储格式多样，不同格式的图形图像文件有各自不同的扩展名，也有各自不同的特点。Photoshop CS3 支持的图形图像文件格式有 20 余种，根据需求将图形图像保存为不同格式。

（1）BMP 格式

位图格式，扩展名为 ".bmp"，它是一种与硬件设备无关的图像文件格式，使用非常广泛，在 Windows 环境中运行的图形图像软件都支持 BMP 图像格式。

BMP 格式支持 RGB、索引颜色、灰度和位图颜色模式，不支持 Alpha 通道，但此类文件占用存储空间较大。

（2）GIF 格式

图形交换格式，扩展名为 ".gif"，它是一种压缩的图形交换格式，占用存储空间较小，适合网络传输，可以显示网页（HTML）文档中的索引颜色图形和图像。

GIF 格式有 256 种颜色，可以形成动画效果，保留索引颜色图像中的透明度，不支持 Alpha 通道。

（3）JPG 格式

联合图像专家组格式，扩展名为 ".jpg" 或 ".jpeg"，它是一种有损压缩格式，占用存储空间小，适合网络传输，可以显示网页（HTML）文档中的照片和其他连续色调图像，是最常用的图像文件格式。

JPG 格式支持 RGB、索引颜色、灰度和位图颜色模式，不支持 Alpha 通道。

（4）PSD 格式

Photoshop 格式，扩展名为 ".psd"，它是 Photoshop 专用的图像文件格式，也是唯一一种支持 Photoshop 所有功能（如各种图像模式、图层、Alpha 通道和参考线等功能）的图像格式。

PSD 格式支持所有颜色模式。

（5）TIFF 格式

标记图像文件格式，扩展名为 ".tif"，它是一种无损压缩格式，是许多扫描仪默认的输出图像格式。在 Photoshop 中以 TIFF 格式输出时，需要选择 PC 或 Mac 格式，以及是否进行 LZW 无损伤压缩。TIFF 格式常用于在不同应用程序和不同操作系统之间交换文件。

TIFF 格式支持具有 Alpha 通道的 CMYK、RGB 和 Lab 等多种颜色模式。

（6）EPS 格式

压缩 PostScript 语言文件格式，扩展名为 ".eps"，它是为在 PostScript 打印机上输出图像开发的格式。其最大优点在于可以在排版软件中以低分辨率预览，而在打印时以高分辨率输出。

EPS 格式支持 Photoshop 所有颜色模式，不支持 Alpha 通道。

（7）PDF 格式

便携文档格式，扩展名为".pdf"，它是可移植文件格式，该格式与软、硬件和操作系统无关，是一种跨平台的文件格式，便于交换文件与浏览，由于该格式支持超文本链接，因此是网络下载时经常使用的文件格式。

PDF 格式支持 RGB、CMYK 和 Lab 等多种颜色模式。

3．颜色模式

颜色模式是色彩的量化表示方案，它决定了如何描述和重现图像的色彩。不同的颜色模式中用于图像显示的颜色数不同，还拥有不同的通道数和图像文件大小。另外，选用何种颜色模式还与图像的文件格式有关。例如，不能将采用 CMYK 颜色模式的图像保存为 BMP 和 GIF 等格式的图像文件。

（1）灰度模式

灰度模式只有灰度色（图像的亮度），没有彩色。在灰度色图像中，每个像素都以 8 位或 16 位表示，取值范围在 0（黑色）～255（白色）之间，即最多可以使用 256 级灰度。

（2）RGB 模式

RGB 模式用红（R）、绿（G）、蓝（B）三原色混合产生各种颜色，是相加混色模式。RGB 模式是 Photoshop 中最常用的颜色模式，也是 Photoshop 默认的颜色模式。该模式的图像中 R、G、B 三个像素的颜色值均在 0～255 之间，每个像素的颜色信息由 24 位颜色位深度来描述，即所谓的真彩色。采用 RGB 模式的图像有三个通道，分别存放红、绿、蓝三种颜色数据。RGB 模式是编辑图像时最佳的颜色模式，但因其定义的许多色超出打印范围，所以它不是最佳打印模式。

（3）CMYK 模式

CMYK 模式是一种减色色彩模式，这是与 RGB 模式的根本不同之处。当阳光照射到一个物体上时，这个物体将吸收一部分光线，并将剩下的光线进行反射，反射的光线就是平常所看见的物体颜色，在纸上印刷时应用的也是这种减色模式。按照这种减色模式，衍变出了适合印刷的 CMYK 色彩模式。CMYK 代表印刷上用的 4 种颜色，C 代表青色，M 代表洋红色，Y 代表黄色，K 代表黑色。因为在实际应用中，青色、洋红色和黄色很难叠加形成真正的黑色，最多不过是褐色而已，因此才引入了 K——黑色。黑色的作用是强化暗调，加深暗部色彩。CMYK 模式是最佳的打印模式。

（4）Lab 模式

Lab 模式由三个通道组成：亮度，用 L 表示；a 通道，包括的颜色是从深绿色（低亮度值）到灰色（中亮度值），再到亮粉红色（高亮度值）；b 通道，包括的颜色是从亮蓝色（低亮度值）到灰色（中亮度值），再到焦黄色（高亮度值）。L 的取值范围是 0～100，a 和 b 的取值范围是-120～120。

Lab 模式是 Photoshop 内部的颜色模式，可以表示的颜色最多，是目前所有颜色模式中色彩范围（叫色域）最广的颜色模式，可以产生明亮的颜色。在使用 Photoshop 进行不同颜色模式之间的转换时，常使用该颜色模式作为中间颜色模式。另外，Lab 模式与光线和设备无关，而且处理的速度与 RGB 模式一样快，是 CMYK 模式处理速度的数倍。

1.2　　　Photoshop 发展简史

1987 年，美国 Knoll 兄弟编写了一个灰阶图像显示程序，即 Photoshop 0.87，又叫 Barneyscan XP。

1988 年，Adobe 公司买下了 Photoshop 的发行权。

1990 年，Photoshop 1.0 发布，只有 100KB 大小。

1991 年，Photoshop 2.0 发布，Adobe 成为行业标准。

1992 年，Photoshop 2.5 发布，第一个 MS Windows 版本 Photoshop 2.5.1 发布。

1994 年，Photoshop 3.0 发布，代号 Tiger Mountain。

1995 年，由于技术问题，Photoshop 3.0 终止运行。

1996 年，Photoshop 4.0 发布，代号 Big Electric Cat，Adobe 买断了 Photoshop 的所有权。

1998 年，Photoshop 5.0 发布，创造性地新增了历史动作功能，其中，Photoshop 5.0.2 是第一个中文版本。

1999 年，Photoshop 5.5 发布，Image Ready 2.0 与之捆绑发布。

2000 年，Photoshop 6.0 发布。

2002 年，Photoshop 7.0 发布，随着当时数码图像技术的普及，Photoshop 奠定了现在的照片处理地位。

2003 年，Photoshop CS(8.0)发布。

2005 年，Photoshop CS2(9.0)发布。

2007 年，Photoshop CS3(10.0)发布。

2008 年，Photoshop CS4(11.0)发布。

1.3　　　Photoshop CS3 功能介绍

1．Photoshop 基本功能

（1）图像编辑

图像编辑是图像处理的基础，可以对图像进行各种变换，如放大、缩小、旋转、倾斜、镜像、透视等；也可进行复制、去除斑点、修补、修饰图像的残损等，这在婚纱摄影、人像处理制作中发挥着非常重要的作用。

（2）图像合成

图像合成是将几幅图像通过图层操作和工具应用合成完整的、传达明确意义的图像，这是美术设计的必经之路。Photoshop 提供的绘图工具可以让外来图像与创意很好地融合，从而使图像的合成天衣无缝。

（3）校色调色

校色调色是 Photoshop 中深具威力的功能之一，可方便快捷地对图像的颜色进行明暗、色调的调整和校正；也可在不同颜色模式间进行切换，满足图像在不同领域如网页设计、印刷、多媒体、电影及电视等方面的应用。

（4）特效制作

特效制作在 Photoshop 中主要由滤镜、通道及工具综合应用完成，包括图像的特效创意和特效字的制作，如油画、浮雕、石膏画、素描等常用的传统美术技巧都可通过 Photoshop 特效完成，而各种特效字的制作更是很多美术设计师热衷于 Photoshop 研究的原因。

2．Photoshop CS3 新增功能

Photoshop CS3 在以前版本的基础上增加了很多更实用的功能。

（1）全新的用户界面

Photoshop CS3 可以自定义界面上的任何部分；工具箱变成可伸缩的，分为单列和双列两种；工具箱上的快速蒙版模式和屏幕切换模式改变了切换方法；工具箱多了一个组选择模式和快速选择工具；调板的自动调节功能更方便；增加了"仿制源"调板等。

（2）改进的 Brige

新的 Brige 预览时可以使用放大镜工具放大局部图像，并且提供了一个更易于搜索的"滤镜"面板、同时增加了预览多张图片，在单一缩略图下组合多个图像的能力；新的 Bridge 添加了 Acrobat Connect 功能，用来开网络会议；利用新的 Bridge 可以直接看 Flash FLV 格式的视频；使用改进的 Bridge，可以更加有效地组织和管理图像，实现更快、更灵活的资源管理。

（3）智能滤镜（Smart Filter）

智能滤镜允许用户像管理层效果（Layer Style）一样来管理这个层的滤镜效果，可以将图片转换为智能化的格式，整合多个不同的滤镜，使图片更有创意；可以从图像中添加、调整和删除滤镜，而不必重新保存图像或重新开始，以保证质量；使用非破损智能滤镜进行可视化更改而不必更改原始像素数据。

（4）黑白转换控制

新增加的 Black and White 功能，可以直接转换彩色图像到黑白图像，并且可以控制很多色彩的转换，轻松地将彩色图像转换为丰富的黑白图像，并使用新工具调整色调值和浓淡。

（5）大大增强对 Raw 格式图片的支持

Photoshop CS3 大大增强了对数码相机 Raw 格式图片的支持，可以直接编辑 JPEG、TIFF 或 RAW 格式的图片。

（6）快速选择工具

所有的选择工具都包含"重新定义选区边缘"(Refine Edge)的选项，比如定义边缘的半径、对比度、羽化程度等，可以对选区进行收缩和扩充。

（7）更方便的曲线调整

在 Photoshop CS3 曲线对话框中，增加了一些更贴心的选项，可以设定要显示哪些数据。

（8）增强的克隆和修复功能

使用 Photoshop CS3，可以更直观地控制需要克隆或者修复的区域。

1.4　Photoshop CS3 工作界面

启动 Photoshop CS3 程序，可以看到 Photoshop CS3 的工作界面主要由标题栏、菜单栏、工具选项栏、工具箱、调板和图像窗口等组成，如图 1-1 所示。

图 1-1　Photoshop CS3 工作界面

1. 菜单栏

菜单栏位于标题栏的下方，在 10 个菜单项中包含了 Photoshop 所有的操作命令，单击菜单项后，在下拉菜单中选择相应的命令，可执行相应的操作。例如，"图像"菜单可以调整图像和画布大小等，"窗口"菜单可以设置调板的显示/隐藏等，如图 1-2 和图 1-3 所示。

图 1-2　"图像"菜单

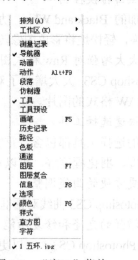

图 1-3　"窗口"菜单

2. 工具选项栏

单击工具箱的工具后，其相应的选项便出现在工具选项栏中，工具选项栏默认位于菜单栏的下方。例如，选择"画笔"工具 后将显示画笔的各项参数，通过对各选项参数的设置可以设定该工具不同的工作状态，如图 1-4 所示。

图 1-4　"画笔"工具选项栏

3．工具箱

工具箱位于窗口的最左侧，工具箱中的工具依照功能与用途分为 7 类，分别是：选取和编辑类工具、绘图类工具、修图类工具、路径类工具、文字类工具、填色类工具及预览类工具。

（1）工具栏显示方式的切换

Photoshop CS3 对工具箱的显示进行了改进，通过单击工具箱顶部的箭头按钮，可以在单栏和双栏之间进行切换，如图 1-5 所示。

（2）工具组

有些工具的右下角有一个黑色三角形，用鼠标右键单击这些工具，可以打开相应的工具组，如图 1-6 所示。

图 1-5　工具箱的显示　　　　　　　　　图 1-6　工具组

4．状态栏

状态栏位于图像窗口的底部，状态栏一般显示图像的显示比例、文档大小和图像信息等，如图 1-7 所示。

图 1-7　状态栏

（1）显示比例

70%表示当前活动窗口的图像显示比例为 70%，可直接在此处输入数值来调节显示比例。

（2）文档大小

在 文档:2.16M/0 字节 中，前者表示原始文件的大小，后者表示进行一系列图像编辑后，当前状态下的图像大小。

（3）图像信息

单击▶按钮会弹出快捷菜单，选择不同的菜单命令可显示图像的不同信息，如果菜单命令前有"√"符号则表示命令有效，同时会在▶按钮左边把信息显示出来。

5．调板

调板是 Photoshop 提供的一种很重要的功能，调板默认位于窗口的最右侧，使用调板可以辅助查看和修改图像。

（1）调板的展开与收缩

调板同样具备伸缩性，利用调板顶端的按钮██◀◀可以展开调板，利用按钮▶▶可以收缩调板，如图 1-8 和图 1-9 所示。

图 1-8　展开的调板　　　　　　　　图 1-9　收缩的调板

（2）拆分/组合调板

拆分：用鼠标拖动调板的标签至工作区的空白区域，即可将调板分离成一个独立的调板窗口。

组合：用鼠标拖动一个独立的调板至目标调板上，直至目标调板呈蓝色反光状态时松开鼠标即可。

（3）调板菜单

在每一个调板的右上角都有一个按钮 ▾☰，单击即可展开该调板的菜单。

（4）各调板的功能

● 导航器：查看图像显示区域，控制图像的缩放。

● 信息：显示当前图像文件中鼠标指针的位置及选定区域的大小等信息。

● 直方图：显示图像各个亮度级别的像素量，以及像素在图像中的分布。

● 颜色：设置前景色和背景色。

● 色板：通过选取面板中的色样设置颜色。

● 样式：列举常用的几种图像效果模式。

● 历史记录：记录对图像所进行的编辑和操作，通过它可以恢复到操作以前的状态。

- 动作：控制编辑动作，通过播放动作使图像文件自动生成某种效果。
- 图层：对图层进行编辑操作。
- 通道：对通道进行编辑操作。
- 路径：对路径进行编辑操作。

1.5 图像文件的基本操作

1. 新建图像文件

选择"文件→新建"命令，弹出"新建"对话框，在该对话框中设置各项参数，然后单击"确定"按钮，如图 1-10 所示。

图 1-10 "新建"对话框

- 名称：用来输入新建文件的名称。
- 预设：可以从中选择系统提供的文件尺寸。
- 宽度和高度：用来自定义文件的宽度和高度。
- 分辨率：用于设置图像文件的分辨率，在文件尺寸不变的情况下，分辨率越高，图像越清晰。
- 颜色模式：用于选择图像的颜色模式。
- 背景内容：用于选择新建文件的背景色，有白色、背景色和透明三个选项。

2. 保存图像文件

（1）保存新建文件

选择"文件→存储"命令，或按"Ctrl+S"组合键，弹出"存储为"对话框，设置文件的保存位置、文件名及文件格式，然后单击"保存"按钮，如图 1-11 所示。

（2）保存已有文件

选择"文件→存储"命令，或按"Ctrl+S"组合键，即可保存已有图像文件。

（3）另存文件

选择"文件→存储为"命令，弹出"存储为"对话框，在该对话框中，可以设置图像文件新的保存位置、文件名及文件格式，然后单击"保存"按钮。

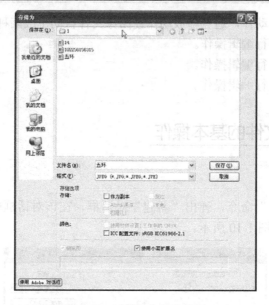

图 1-11   "存储为"对话框

3. 打开图像文件

选择"文件→打开"命令，可弹出"打开"对话框，在相应的文件夹中选择要打开的图像文件，单击"打开"按钮即可。

案例1   图片欣赏——图像调整、抓手及缩放工具的使用

 案例描述

在 Photoshop 中对如图 1-12 所示的图片进行图像大小、画布大小、颜色模式的调整等，并以不同的比例观察图片，既整体欣赏，又细致观察各个部位。

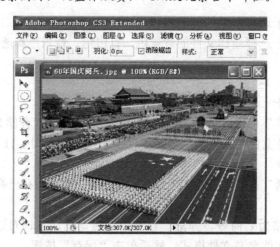

图 1-12   打开的"60 年国庆阅兵"图像文件

案例分析

● 熟悉 Photoshop CS3 操作界面。
● 对图像进行调整。
● 使用"抓手"和"缩放工具"查看图像。

操作步骤

1. 选择"开始→程序→Adobe Photoshop CS3"命令，启动 Photoshop CS3，选择"文件→打开"命令，打开图像文件"60 年国庆阅兵.jpg"。

2. 选择"图像→图像大小"命令，打开"图像大小"对话框，勾选"约束比例"复选框，设置宽度为"600 像素"，单击"确定"按钮，图像大小便会增大，如图 1-13 所示。

图 1-13　图像大小增大

3. 选择"编辑→还原图像大小"使图像还原。选择"图像→画布大小"命令，打开"画布大小"对话框，设置宽度、高度分别为 12 厘米、8 厘米，单击"确定"按钮，画布大小便会增大，如图 1-14 所示。

4. 选择"图像→模式"命令，选择"CMYK 颜色（C）"选项，改变图像的颜色模式。

5. 选择"图像→旋转画布→水平翻转画布"命令，图像文件将水平翻转，如图 1-15 所示。

图 1-14　画布大小增大　　　　　　　　　图 1-15　画布水平翻转

6. 选择"文件→存储为"命令,将图像文件另外保存并关闭该文件。

7. 选择"文件→打开"命令,重新打开图像文件"60 年国庆阅兵.jpg"。单击工具箱中的"缩放工具" 🔍 ,在图像窗口中单击,图像会放大到 200%的显示比例,如图 1-16 所示。

8. 按住"Alt"键的同时用"缩放工具"在图像窗口中单击,可将图像缩小显示。

9. 用"缩放工具"在图像窗口中拖动鼠标画出一个虚线框,如图 1-17 所示,松开鼠标后,矩形框内的图像将放大显示在窗口中,如图 1-18 所示。

图 1-16 放大至 200%的图像窗口   图 1-17 矩形虚线框

10. 单击工具箱中的"抓手工具" ✋ ,在图像窗口中拖动鼠标,可以移动图像,以便观察图像的各个部位。

11. 恢复图像大小,选择"视图→标尺"命令,可显示或隐藏水平标尺和垂直标尺,显示标尺的状态如图 1-19 所示。

图 1-18 虚线框内图像放大显示   图 1-19 显示标尺

12. 将鼠标指针分别放在水平标尺和垂直标尺上,拖动出一条水平参考线和一条垂直参考线,如图 1-20 所示。选择"视图→显示→参考线"命令或按"Ctrl+H"组合键,可隐藏参考线。

13. 选择"窗口→历史记录"命令,打开"历史记录"调板,从"历史记录"调板的"历史记录列表"中单击选择第一个操作"打开",即可返回到刚刚打开时的状态,如图 1-21 所示。

14. 选择"文件→存储为"命令,将图像文件保存。

图 1-20 参考线定位   图 1-21 "历史记录"调板

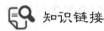 知识链接

1.6 图像的调整

1．图像大小的调整

选择"图像→图像大小"命令，弹出"图像大小"对话框，如图 1-22 所示。

● 像素大小：设置图像横向、纵向的像素大小。

● 文档大小：设置图像文件的宽度、高度及分辨率。

● "约束比例"复选框：勾选此复选框，则"像素大小"及"文档大小"选项中的"宽度"与"高度"将按照原图像的固定比例进行缩放，从而使更改后的图像不变形。

● "重定图像像素"复选框：勾选此复选框，则可改变"像素大小"选项，并可在后面的列表框中选择不同选项。

2．画布大小调整

选择"图像→画布大小"命令，弹出"画布大小"对话框，如图 1-23 所示。

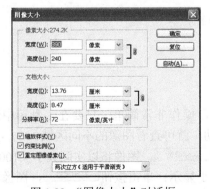

图 1-22 "图像大小"对话框   图 1-23 "画布大小"对话框

● 当前大小：显示出文件大小和画布的原有宽度和高度。

● 新建大小：设置新画布的宽度、高度及长度单位，如果画布尺寸小于图像尺寸，图像将被剪裁。

- "相对"复选框：如果勾选此复选框，则"新建大小"选项组的宽度和高度取值为在原画布基础上增加或减少的尺寸，正值表示画布增大，负值表示画布减小。
- 定位：它由 9 个方块按钮组成，单击某个方块按钮，画布与方块按钮相邻的边将不被扩展或裁切，不相邻的边将按照新的尺寸被均匀地扩展或裁切。
- 画布扩展颜色：确定被扩展出的画布颜色，下拉列表框中有前景、背景、白色、黑色、灰色及其他选项。

3．颜色模式转换

选择"图像→模式"命令，打开下拉菜单，选择相应选项可将图像在各种颜色模式之间进行转换，如图 1-24 所示。

不同的颜色模式可用的颜色范围不完全相同，所以进行颜色模式转换时会损失图像的颜色信息，因此在图像处理时，应尽量避免不必要的颜色模式转换。

4．旋转画布

选择"图像→旋转画布"命令，打开下拉菜单，选择相应选项可将画布按照指定角度进行旋转，如图 1-25 所示。

 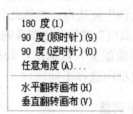

图 1-24   "模式"下拉菜单   图 1-25   "旋转画布"下拉菜单

1.7   抓手、缩放工具的使用

1．抓手工具

抓手工具用于改变图像在窗口中的显示位置，操作非常简单，只要在工具箱中选择该工具后，将光标移至图像窗口，按下鼠标左键拖动，就可查看图像的不同区域。

抓手工具的选项栏如图 1-26 所示。单击按钮 实际像素 ，图像将以实际大小（100%）显示；单击按钮 适合屏幕 ，图像将以适合屏幕的大小显示；单击按钮 打印尺寸 ，图像将以适合打印的尺寸显示。

图 1-26 "抓手工具"选项栏

2．缩放工具

缩放工具用来放大或缩小图像的显示比例。选择该工具后，用鼠标每单击一次图像，图像将按设定的比例进行放大；在单击的同时按下"Alt"键，每单击一下则按设定的比例进行缩小。

缩放工具选项栏如图 1-27 所示。

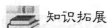

图 1-27　缩放工具选项栏

另外，还可以通过如下快捷键来调整图像的显示比例。

- Ctrl+"+"：放大图像显示。
- Ctrl+"–"：缩小图像显示。
- Ctrl+"0"：适合屏幕大小显示。

📚 知识拓展

利用 Photoshop CS3 进行图像编辑时，一些常用的辅助操作是不可或缺的。利用这些操作可以更改操作窗口的可视性，提高操作时的准确性。

1．标尺、网格和参考线

"视图"菜单中的标尺、网格和参考线是 Photoshop 软件系统中的辅助工具，它们可以在绘制和移动图形的过程中精确地对图形进行定位和对齐。

（1）标尺

- 标尺的显示与隐藏：选择"视图→标尺"命令，标尺将显示在窗口中，再次选择该命令，标尺将被隐藏。
- 标尺的设置：选择"编辑→首选项→单位与标尺"命令，弹出"首选项"对话框，在对话框中设置各选项的参数，单击"确定"按钮，如图 1-28 所示。

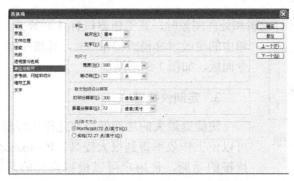

图 1-28　"首选项"对话框—单位和标尺

（2）网格

- 网格的显示与隐藏：选择"视图→显示→网格"命令，网格将显示在窗口中，再次选择该命令，网格将被隐藏。
- 网格的设置：选择"编辑→首选项→参考线、网格和切片"命令，弹出"首选项"对话框，在对话框中设置"网格"的参数，单击"确定"按钮，如图 1-29 所示。

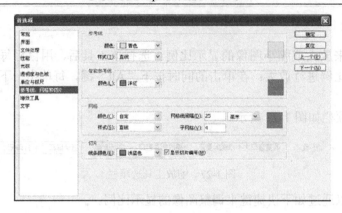

图 1-29　"首选项"对话框—参考线、网格和切片

（3）参考线

- 新建参考线：选择"视图→新建参考线"命令，
  弹出"新建参考线"对话框，进行"取向"与
  "位置"的设置后，单击"确定"按钮，如图 1-30
  所示。

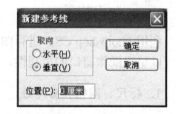

- 参考线的显示与隐藏：选择"视图→显示→参考
  线"命令，参考线将显示在窗口中，再次选择该
  命令，参考线将被隐藏。

图 1-30　"新建参考线"对话框

- 锁定参考线：选择"视图→锁定参考线"命令，
  参考线将被锁定，不能移动；再次选择该命令，可解除参考线的锁定。
- 清除参考线：选择"视图→清除参考线"命令，全部参考线将被清除。
- 参考线的设置：选择"编辑→首选项→参考线、网格和切片"命令，弹出"首选项"
  对话框，在对话框中设置"参考线"的参数，单击"确定"按钮，如图 1-29 所示。

2．屏幕模式设置

利用 Photoshop 进行编辑和处理图像时，其工作窗口有 4 种模式，将鼠标指针指向工具
箱中的更改屏幕模式按钮，长按左键，可打开屏幕模式命令面板，如图 1-31 所示。

标准屏幕模式	F
最大化屏幕模式	F
带有菜单栏的全屏模式	F
■ 全屏模式	F

图 1-31　屏幕模式命令面板

3．定制快捷键

快捷键最大的功能就是简化操作步骤，熟练运用快捷键，可以使工作效率得到很大提高。Photoshop CS3 提供了定制快捷键的功能，使用户可以根据自己的习惯来定义菜单的快捷键、面板菜单命令快捷键及工具箱中各个工具的快捷键。例如，要将"图像→模式→灰度"命令的快捷键设置为"Ctrl+F2"，其操作步骤如下。

（1）选择"编辑→键盘快捷键"命令，弹出"键盘快捷键和菜单"对话框，如图 1-32 所示。

（2）在对话框中的"快捷键用于"下拉列表中选择"应用程序菜单"选项。

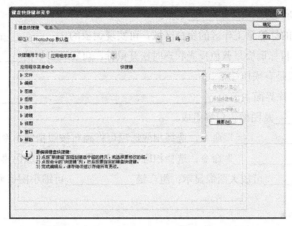

图 1-32　"键盘快捷键和菜单"对话框

（3）在下面的列表框中双击"图像"菜单，然后选择"灰度"命令，在后面的"快捷键"栏中从键盘上按"Ctrl+F2"组合键，如图 1-33 所示。

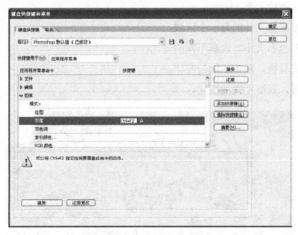

图 1-33　设置快捷键

（4）如果还需要定制其他命令的快捷键，重复（2）、（3）步骤即可。

（5）设置完成后，单击"确定"按钮。选择"图像→模式"命令，在"模式"子菜单中可以看到刚才定义的快捷键显示在该下拉菜单中"灰度"命令的后面。

面板菜单命令快捷键和工具箱中各个工具的快捷键的定制，与菜单命令快捷键的定制相类似，读者可以自己尝试操作。

 思考与实训

一、填空题

1. Photoshop 默认的图像格式是_____。

2. 要改变图像文件的画布大小，应该选择_____菜单。

3. 显示或隐藏标尺应选择_____菜单。

4．显示或隐藏调板应选择＿＿＿＿＿＿＿＿菜单。

5．用鼠标拖动调板的标签至工作区的空白区域，可实现调板的＿＿＿＿＿＿＿＿；用鼠标拖动一个独立的调板至目标调板上，直至目标调板呈蓝色反光状态时松开鼠标，可实现调板的＿＿＿＿＿＿＿＿。

6．＿＿＿＿＿＿＿＿格式是有损压缩格式。

7．Photoshop CS3 工作界面主要由 ＿＿＿＿＿＿＿＿ 、＿＿＿＿＿＿＿＿ 、＿＿＿＿＿＿＿＿ 、＿＿＿＿＿＿＿＿ 、＿＿＿＿＿＿＿＿ 及图像窗口等组成。

8．选择"图像→＿＿＿＿＿＿＿＿"命令，选择相应选项可将画布按照指定角度进行旋转。

9．选择"图像→＿＿＿＿＿＿＿＿"命令，选择相应选项可将图像在各种颜色模式之间进行转换。

10．组合键＿＿＿＿＿＿＿＿可放大图像显示；组合键＿＿＿＿＿＿＿＿可缩小图像显示。

二、上机实训

1．新建一个长、宽分别为 15 厘米和 10 厘米，分辨率为 200 像素/厘米的 16 位 CMYK 图像，并以"蹒跚学步"为文件名保存该文件。

2．打开"动漫网页.jpg"，如图 1-34 所示。

（1）将图像的显示比例放大至 150%；

（2）用抓手工具查看图像文件的每一个区域；

（3）改变图像大小和画布大小，观察不同的变化；

（4）对图像进行模式转换，观察不同的变化；

（5）对画布进行旋转，观察不同的变化。

图 1-34　"动漫网页.jpg"文件

第 2 章   工具的使用

案例 2   卡通笑脸的制作——规则选区的创建和填充

案例描述

利用规则选区工具和填充工具制作如图 2-1 所示的卡通笑脸。

图 2-1   卡通笑脸

案例分析

● 利用"椭圆选框工具"创建选区。
● 利用填充工具填充颜色，用描边命令勾勒边缘。

操作步骤

（1）选择"文件→新建"命令，弹出"新建"对话框，在该对话框中设置各项参数，如图 2-2 所示。

图 2-2   "新建"对话框

（2）单击"图层"调板下方的"创建新图层"按钮 ，新建图层 1；从工具箱中选择"椭圆选框工具" ，创建一个正圆形；再单击工具箱中的"设置前景色"按钮 ，弹出"拾色器（前景色）"对话框，在该对话框中设置各项参数，如图 2-3 所示；再用同样的方法，设置背景色为#fffe00。

图 2-3   "拾色器（前景色）"对话框

（3）从工具箱中选择"渐变工具" （若不显示该工具，可用鼠标右键单击"油漆桶工具" ，从展开的工具列表中选择"渐变工具"），在其工具选项栏中选择"径向渐变"填充方式 ，将鼠标指针移动到选区中心处，按下鼠标左键向外拖动至选区边缘释放鼠标，填充效果如图 2-4 所示。

（4）按"Ctrl+D"组合键取消选区。再新建图层 2，在图层 2 中创建一个椭圆选区，按"D"键将前/背景色恢复至默认的黑/白状态，按"Ctrl+Delete"组合键，填充背景色（白色），效果如图 2-5 所示。

图 2-4   "径向渐变"填充效果   图 2-5   图层 2 选区

（5）选择"编辑→描边"命令，弹出"描边"对话框，设置各项参数，如图 2-6 所示；单击"确定"按钮，效果如图 2-7 所示。

图 2-6   "描边"对话框   图 2-7   描边效果

（6）选择工具箱中的"椭圆选框工具" ○.，在其工具选项栏中单击"与选区交叉"按钮 ，在原选区中创建选区，如图 2-8 左图所示，最终得到新选区，效果如图 2-8 右图所示。

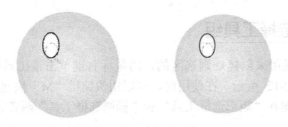

图 2-8　与选区交叉

（7）选择工具箱中的"油漆桶工具" 　，设置前景色为黑色（#000000），在选区内单击鼠标即可填充黑色，取消选区，效果如图 2-9 所示。若位置需要调整，可单击工具箱中的"移动工具" ，直接拖动鼠标至合适位置即可。

（8）按组合键"Ctrl+J"，复制图层 2 得到图层 2 副本，使该副本层处于激活状态，直接利用移动工具移动其位置，效果如图 2-10 所示。

图 2-9　填充黑色　　　　　　　　　　图 2-10　复制图层后的效果

（9）新建图层 3，并用椭圆选框工具创建选区，如图 2-11 左图所示，在其选项栏中单击"从选区减去"按钮 ，创建新选区，如图 2-11 中图所示，最终选取效果如图 2-11 右图所示。

图 2-11　从选区减去

（10）设置前景色为#fe0000，按"Alt+Delete"组合键为选区填充前景色；再重复一次第（5）步操作，效果如图 2-1 所示。

（11）选择菜单"文件→存储"命令，保存文件。

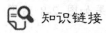 知识链接

2.1 规则选择工具组

规则选择工具组是用来创建规则选区的，用鼠标右键单击该工具组，打开规则选择工具组进行选择，如图 2-12 所示。在使用时，可以用快捷键"M"快速切换到此工具组，也可按"Shift+M"组合键在"矩形选框工具"和"椭圆选框工具"两者之间进行转换。

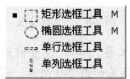

图 2-12 规则选择工具组

选择规则选择工具组中的任一工具，鼠标指针呈十字状，在图像窗口中拖动鼠标即可创建一个对应形状的选区。对于"矩形选框工具"和"椭圆选框工具"，按住"Shift"键拖动可创建一个正方形或正圆形选区；按住"Alt"键拖动可创建一个以当前鼠标落点为中心的矩形或椭圆选区，也可以将"Shift"键和"Alt"键组合使用，创建以当前鼠标落点为中心的正方形或正圆形选区。

选择任一选框工具，打开相应的选框工具选项栏，如图 2-13 所示。

图 2-13 "规则选择工具"选项栏

1. 修改方式

（1）"新选区"按钮 ：取消旧选区，创建新选区。

（2）"添加到选区"按钮 ：在原有选区的基础之上，增加新的选区，形成最终的选区，如图 2-14 所示。

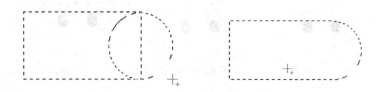

图 2-14 添加到选区

（3）"从选区减去"按钮 ：从原有选区中减去新选区与原有选区相交的部分，形成最终的选区，如图 2-15 所示。

图 2-15 从选区减去

（4）"与选区交叉"按钮 ▣：新选区与旧选区相交的部分为最终的选区，如图 2-16 所示。

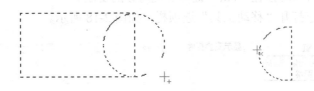

图 2-16 与选区交叉

2．羽化与消除锯齿

（1）羽化

羽化的作用是柔化选区的边缘，使边缘产生一个自然的过渡效果。数值越大，柔和效果越明显，效果如图 2-17 所示。

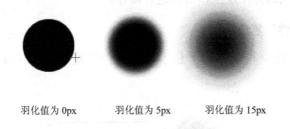

羽化值为 0px   羽化值为 5px   羽化值为 15px

图 2-17 羽化效果

（2）"消除锯齿"复选框

该选项只有选择了"椭圆选框工具"后才被激活。勾选该复选框后，可使选区边缘变得平滑自然。

3．样式

样式用来约束创建的矩形选区或椭圆选区的形状，只有选择"矩形选框工具"或"椭圆选框工具"时，样式下拉列表才能被激活。

（1）正常：默认的选择方式，可用鼠标创建任意选区。

（2）固定比例：可以设定选区的宽高比，只需在  固定比例 ▾ 宽度: 1 ⇄ 高度: 1 中的"宽度"与"高度"处输入相应的数字即可，默认值为 1:1。

（3）固定大小：在这种方式下可以通过输入宽度和高度的数值来精确确定选区的大小，在 固定大小 宽度：64 px ⇄ 高度：64 px 中输入即可，系统默认为 64×64px。

2.2　移动工具

移动工具 ⊹ 主要用于移动图层中的图像或选择的对象，用鼠标单击移动工具或按快捷键"V"后，就会切换至移动工具，可以进行移动操作了。

移动时，可以用鼠标或方向键进行操作，用鼠标可以直接拖动对象至目标位置，可以实现幅度较大的移动；用方向键也可以进行相应方向的移动，方向键移动的幅度较小，可以实现精确移动。移动对象时按住"Alt"键可实现对象的复制。

选择移动工具后，打开"移动工具"选项栏，如图 2-18 所示。

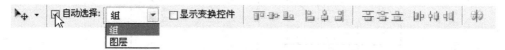

图 2-18　"移动工具"选项栏

1."自动选择"复选框

（1）若不勾选"自动选择"复选框，则在移动图像时只能移动当前图层中的内容。

（2）若勾选"自动选择"复选框，并且在其后的下拉列表中选择"图层"，则在图像中单击鼠标时，会自动选择光标所在位置上第一个有可见像素的图层，并设为当前图层，可对其进行操作；若在下拉列表中选择"组"，则在图像中单击时，通过自动选择图层组中某一个图层中的像素来自动选择图层组，对其进行操作。

2."显示变换控件"复选框

在"移动工具"选项栏中勾选"显示变换控件"复选框，图像窗口中就会出现虚线框，如图 2-19 所示。

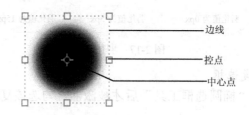

图 2-19　"变换控件"框

将鼠标指针移动到某个控点或某条边线上单击，"变换控件"虚线框变为实线框，此时可利用以下方法对图像进行自由变换。

（1）移动中心点位置

中心点是变形的基准，可根据需要改变其位置，用鼠标拖动中心点即可改变其位置。

（2）缩放

● 将鼠标指针指向某个控点或某条边线上，指针变形为双箭头 ↔ 时，可以通过拖动鼠标对其进行任意缩放。

● 按住"Alt"键的同时拖动某个控点，将以中心点为基准进行对称缩放。

● 按住"Shift"键的同时拖动某个角上的控点，可对图像进行等比例缩放。

（3）旋转

将鼠标指针移动到某个控点或某条边线的外侧，指针变形为弧形双箭头 ↱ 时，拖动鼠标可使图像以中心点为中心进行旋转。

（4）扭曲

按住"Ctrl"键的同时拖动某个控点向任意方向移动，可使图像发生扭曲变形，扭曲可使控点向任意方向移动，如图 2-20 所示。

（5）斜切

按住"Ctrl+Shift"组合键的同时拖动某个控点在水平或垂直方向上移动，可使图像发生斜切变形，斜切时控点只能在水平或垂直方向上移动，如图 2-21 所示。

（6）透视

按住"Ctrl+Shift+Alt"组合键的同时拖动某个控点，可使图像发生透视变形，透视时控点的位置产生对称变化，如图 2-22 所示。

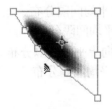 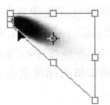 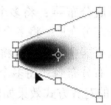

图 2-20　扭曲变形　　　　图 2-21　斜切变形　　　　图 2-22　透视变形

> **注意**：除了利用移动工具对图像进行自由变换外，还可以利用菜单命令和快捷键。选择"编辑→自由变换"命令，可对图像进行自由变换，也可用快捷键"Ctrl+T"；选择"编辑→变换"命令子菜单中相应的命令，也可对图像进行不同的变换。

3．图层的对齐与分布

（1）对齐

将多个图层中的图像按某种方式对齐，多个图层可以是同时选中的多个图层，也可以是链接图层。

● 顶对齐 ▱：将多个图层中的图像按顶端对齐。

● 垂直居中对齐 ▥：将多个图层中图像的中心像素水平对齐。

● 底对齐 ⊞：将多个图层中的图像按底端对齐。

● 左对齐 ▤：将多个图层中的图像按左端对齐。

● 水平居中对齐 ♨：将多个图层中的图像的中心像素垂直对齐。

● 右对齐 ：将多个图层中的图像按右端对齐。

不同的对齐方式效果如图 2-23 所示。

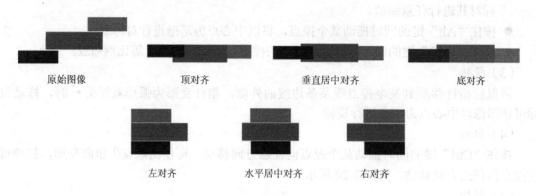

原始图像   顶对齐   垂直居中对齐   底对齐

左对齐   水平居中对齐   右对齐

图 2-23   不同对齐效果

（2）分布

将多个图层中的图像按某种方式平均间隔分布，多个图层可以是同时选中多个图层，也可以是链接图层。

● 按顶分布 ：将多个图层中的图像按顶端像素在垂直方向上平均间隔分布。
● 垂直居中分布 ：将多个图层中的图像按中心像素在垂直方向上平均间隔分布。
● 按底分布 ：将多个图层中的图像按底端像素在垂直方向上平均间隔分布。
● 按左分布 ：将多个图层中的图像按左端像素在水平方向上平均间隔分布。
● 水平居中分布 ：将多个图层中的图像按中心像素在水平方向上平均间隔分布。
● 按右分布 ：将多个图层中的图像按右端像素在水平方向上平均间隔分布。

不同的对齐方式效果如图 2-24 所示。

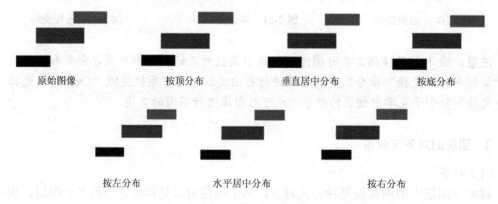

原始图像   按顶分布   垂直居中分布   按底分布

按左分布   水平居中分布   按右分布

图 2-24   不同分布效果

2.3   填充工具

填充工具用于为选定区域填充颜色，填充工具包括油漆桶工具 和渐变工具 。

1. 油漆桶工具

油漆桶工具用于对图像进行图案填充与单色填充，但不能对位图图像进行填充。选中该工具后，打开工具选项栏，如图 2-25 所示。

图 2-25 "油漆桶工具"选项栏

- "设置填充区域的源"下拉列表：从中可以选择"前景"和"图案"两个选项。选择"前景"则给选区填充前景色（单色），选择"图案"则其右侧的"图案列表"按钮 被激活，可以选择用于填充的图案。
- 模式：用来设置选区内填充的图案或前景色与图像原有的底色混合的方式，从"模式"下拉列表中选择不同的混合模式，可以创建各种特殊的图像效果，常用的混合模式及其内容将在第 3 章中详细讲解。
- 不透明度：用来设置填充的图案或前景色的"不透明度"，数值越小，透明度越好。

2. 渐变工具

渐变工具可以为选区填充渐变色彩，即指由一种颜色逐渐过渡到另一种颜色。渐变工具不能用于位图、索引颜色或每通道 16 位模式的图像。

选择"渐变工具"后，打开工具选项栏，如图 2-26 所示。

图 2-26 "渐变工具"选项栏

（1）预设的渐变样式

单击渐变工具选项栏中"点按可编辑渐变"按钮 ，弹出"渐变编辑器"对话框，如图 2-27 所示。

图 2-27 "渐变编辑器"对话框

- 预设：可从列表区中选择渐变样式。选中一种样式后，其名称和渐变样式即体现在"名称"框和"渐变设计条"中，可直接应用该样式，也可在"渐变设计条"中进行编辑，然后再应用。

- 渐变设计条 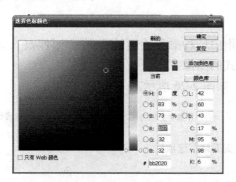：用来定义新的编辑样式。在其下方的两个色标 之间单击，可创建一个新的色标，且刚创建的色标处于选中状态；只有选中了色标，渐变编辑器下方的"色标"栏中的"颜色"、"位置"和"删除"选项才被激活。单击"颜色"框或双击色标，可打开"选择色标颜色"拾色器选择颜色，如图 2-28 所示；在"位置"框中输入数值可以改变选中的色标在"渐变设计条"中的位置，一般情况下习惯用鼠标直接拖动色标来改变其位置；单击"删除"按钮或向下拖动色标使其脱离渐变设计条，可将当前色标删除。在渐变设计条上方的两个色标是"不透明度色标"，其操作与色标的操作一致。当选中一个"不透明度色标"时，"色标"栏中的"不透明度"、"位置"和"删除"三个选项即被激活。
- 渐变类型：用来设置渐变的类型，默认为"实底"，还有一个选项是"杂色"。选择"杂色"后，渐变编辑器将出现与其对应的"粗糙度"、"颜色模型"等选项。
- 平滑度：可设置颜色过渡的效果，数值越大，过渡效果越自然。

单击渐变工具选项栏中 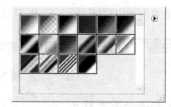 右边的下拉按钮，弹出"渐变拾色器"对话框，设置渐变样式，如图 2-29 所示。

图 2-28　"选择色标颜色"对话框　　　　图 2-29　　"渐变拾色器"对话框

（2）渐变填充方式

Photoshop 提供了 5 种渐变填充方式 ，从左到右依次为：线性渐变、径向渐变、角度渐变、对称渐变和菱形渐变。

- 线性渐变 ：以直线方式从起点渐变填充到终点。
- 径向渐变 ：以圆形图案从起点渐变填充到终点。
- 角度渐变 ：以逆时针扫过的方式围绕起点渐变填充。
- 对称渐变 ：使用对称线性渐变在起点的两侧渐变填充，可以按住"Shift"键使用。
- 菱形渐变 ：以菱形图案从起点向外渐变填充，终点为菱形的一个角。

选择不同的渐变填充方式，可以得到不同的渐变填充效果，如图 2-30 所示。

　　线性渐变　　　　径向渐变　　　　角度渐变　　　对称渐变　　　菱形渐变

图 2-30　渐变效果

（3）"反向"渐变

利用"反向"复选框可以对当前选区进行反向的渐变填充，同一种渐变样式选中"反向"复选框前后的渐变填充效果是相反的，如图 2-31 所示。

图 2-31 "反向"渐变填充效果对比

（4）"仿色"效果

勾选"仿色"复选框，可以使填充的渐变色色彩过渡得更柔和平滑，防止出现色带。

3．其他填充方式

选择"编辑→填充"命令，弹出"填充"对话框，如图 2-32 所示。

图 2-32 "填充"对话框

● "Alt+Delete"快捷键：用前景色填充选区。
● "Ctrl+Delete"快捷键：用背景色填充选区。

案例 3 草原放牧——图像抠取

 案例描述

利用"套索工具"和"魔棒工具"抠取图像，完成如图 2-33 所示的效果。

原图　　　　　　　　　　　　　　　　　　最终效果图

图 2-33 草原放牧

案例分析

- 利用各种套索工具抠取图像。
- 利用魔棒工具抠取单色背景的图像。

 操作步骤

（1）打开素材图像文件"大草原.jpg"，选择"图像→调整→亮度/对比度"命令，弹出"亮度/对比度"对话框，设置参数，如图 2-34 所示。选择"文件→存储为"命令，以"草原放牧.psd"为文件名保存。

（2）打开素材图像文件"蓝天白云.jpg"，选择工具箱中的"移动工具"，将"蓝天白云"图片拖至"草原放牧"文件中，并调整其大小和位置，如图 2-35 所示。

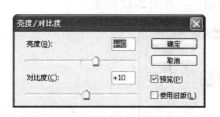

图 2-34　"亮度/对比度"对话框

图 2-35　图片合并

（3）将图层 1 的"不透明度"设为 20%，选择工具箱中的"套索工具"，按下鼠标左键不放，连续拖动选取背景层中的山峦边缘，如图 2-36 所示，创建选区，如图 2-37 所示。

图 2-36　套索工具的路径

图 2-37　利用套索工具创建的选区

（4）选择"选择→修改→羽化"命令，设置羽化值为 5，单击"确定"按钮；然后按"Delete"键，将选区中的图像删除，再将图层 1 的"不透明度"改回到 100%，效果如图 2-38 所示。

（5）打开素材图像文件"羊 1.jpg"，选择工具箱中的"磁性套索工具"，沿着羊的边缘创建选区，如图 3-39 所示，按 "Ctrl+C" 组合键，复制选区中的图像；激活 "草原放牧" 文件，按 "Ctrl+V" 组合键，将羊的图片粘贴过来；再按 "Ctrl+T" 组合键，缩小图片大小，并置于合适位置，如图 2-40 所示。

图 2-38　合并后的效果

图 2-39　磁性套索工具创建选区

（6）打开素材图像文件 "羊 2.jpg"，选择工具箱中的 "魔棒工具" ，在其工具选项栏中将 "容差" 设为 10，在图片的空白位置处单击，即可选中除羊以外的所有白色区域，再选择 "选择→反向" 命令或按下 "Ctrl+Shift+I" 组合键，此时选中了羊的图像区域，按 "Ctrl+C" 组合键复制，再激活 "草原放牧" 文件，按 "Ctrl+V" 组合键粘贴，并缩小该图片大小，调整其位置，如图 2-41 所示。

图 2-40　羊 1 的位置及效果

图 2-41　羊 2 的位置及效果

（7）打开素材图像文件 "马.jpg"，选择工具箱中的 "磁性套索工具" ，创建选区，如图 2-42 所示。按下 "Ctrl+C" 组合键复制，再激活 "草原放牧" 文件，按组合键 "Ctrl+V" 粘贴，并缩小该图片大小，调整其位置，如图 2-43 所示。

图 2-42　马的选区

图 2-43　马的位置及效果

（8）按"Ctrl+J"组合键复制马的图层，调整其大小和位置，得到如图 2-33 所示的最终效果。

（9）选择菜单"文件→存储"命令，保存文件。

2.4　套索工具组

套索工具组是一种经常用到的制作选区的工具组，用来制作折线轮廓的选区或者徒手绘画不规则的选区轮廓。用鼠标右键单击该工具组，打开套索工具组，如图 2-44 所示。

1．套索工具

套索工具类似于徒手绘画工具，只需要按住鼠标然后在图形内拖动，鼠标的轨迹就是选择的边界，如果起点和终点不在一个点上，那么默认通过直线使之连接。

套索工具的优点是使用方便、操作简单，缺点是难以控制，所以主要用在精度不高的区域选择上。

选择套索工具后，其选项栏如图 2-45 所示。

图 2-44　套索工具组　　　　　　　　图 2-45　"套索工具"选项栏

调整边缘：当选区建立之后，该按钮被激活，单击打开"调整边缘"对话框，可对选区进行调整。

2．多边形套索工具

多边形套索工具用来在图像中制作折线轮廓的多边形选区。使用时，先将鼠标移到图像中单击以确定折线的起点，然后再陆续单击其他折点来确定每一条折线的位置，最后当折线回到起点时，光标下会出现一个小圆圈，表示选择区域已经封闭，这时再单击鼠标即可完成操作。

选取过程中持续按住"Shift"键可以保持水平、垂直或 45°角的轨迹方向；在终点起点重合或没有重合的情况下，都可以按"Enter"键或直接双击完成选取，这样起点终点之间会以直线相连。在选取过程中如果某一个点不理想，可以按"Delete"键删除该点，而按下"Esc"键将取消本次选取。

多边形套索工具最适合不规则直边对象的抠取。

多边套索工具的选项栏与套索工具的选项栏相同。

3．磁性套索工具

磁性套索类似于一个感应选择工具，是一种具有识别边缘功能的套索工具，它根据要选择的图像边界像素点的颜色绘制路径。在图像和背景色差别较大的地方，单击鼠标选取起点，然后沿图形边缘移动鼠标，无须按住鼠标，磁性套索工具根据颜色差别自动勾勒选择，回到起点时会在光标的右下角出现一个小圆圈表示区域已封闭，此时单击鼠标即可完成此操作。

磁性套索工具适合抠取边缘比较清晰，与背景反差较大的图像。

选择磁性套索工具后，其选项栏如图 2-46 所示。

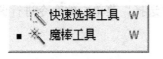

图 2-46　"磁性套索工具"选项栏

● 宽度：在该数值框输入像素值后，磁性套索只检测从指针开始距离以内的边缘，一般为 5～10。
● 对比度：设置对色彩的敏感性，如果色彩边界较为明显，就可以使用较高的对比度，如果色彩边界较模糊，就适当降低对比度。
● 频率：频率越高采样点越多，如果色彩边缘较为复杂，参差不平且多为直线，就适合较高的频率。

在实际使用过程中，对比度、频率的作用都不是很大，比较重要的是宽度的设定。

2.5　魔棒工具组

魔棒工具组包括两个工具，如图 2-47 所示。

```
  快速选择工具   W
■  魔棒工具      W
```

图 2-47　魔棒工具组

1．魔棒工具

魔棒工具可以根据单击点的像素和给出的容差值来决定选择区域的大小，当然这个选择区域是连续的，魔棒工具比较适合抠取背景为单色的图像。

在魔棒工具选项栏中有一个非常重要的参数"容差"，它的取值范围是 0～255，该参数的值决定了选择的精度，值越大选择的精度越小，反之亦然。

2．快速选择工具

"快速选择工具"是 Adobe Photoshop CS3 新增的一项功能，它的功能非常强大，给用户提供了创建优质选区的解决方案。快速选择工具的使用方法是基于画笔模式的，也就是说，可以"画"出所需的选区，如果选取离边缘比较远的较大区域，就要使用大一些的画笔；如果要选取边缘则换成小尺寸的画笔，这样才能尽量避免选取背景像素。

选择"快速选择工具"后，打开工具选项栏，如图 2-48 所示。

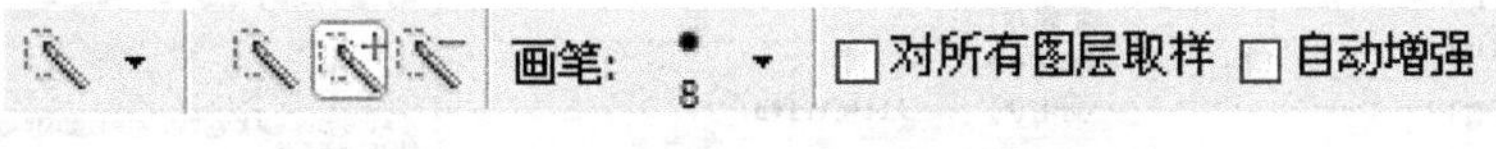

图 2-48　"快速选择工具"选项栏

● 选区模式  ：依次是新选区、添加到选区和从选区减去。
● 画笔：单击其右侧的下拉箭头可弹出画笔参数设置框，可以设置画笔笔尖的直径、硬度、间距、角度、圆度和大小的动态控制等，如图 2-49 所示。

图 2-49　画笔参数设置框

- "对所有图层取样"复选框：勾选该复选框，将基于所有图层来创建选区。
- "自动增强"复选框：勾选该复选框，会减少选区边缘的粗糙度和块效应。

2.6　选区的编辑

创建好选区后，可以通过"选择"菜单中的命令进行调整和编辑，如图 2-50 所示。

1．选取命令组

- 全部（Ctrl+A）：可以选取图像中的所有像素。
- 取消选择（Ctrl+D）：可以取消对选区的选中。
- 重新选择（Shift+Ctrl+D）：可以重新选择被取消的选区。
- 反向（Shift+Ctrl+I）：将选中原有选区以外的所有区域。

2．"调整边缘"命令（Alt+Ctrl+R）

选择该命令后，会弹出"调整边缘"对话框，如图 2-51 所示。

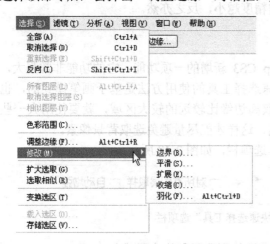

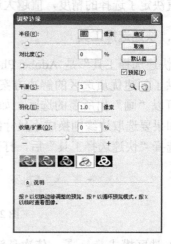

图 2-50　"选择"菜单　　　　　　　　图 2-51　"调整边缘"对话框

- 半径：决定选区边界周围的区域大小，并在此区域中进行边缘调整；增大"半径"值可以改善包含柔化过渡或细节的区域中的边缘，创建更加精确的选区边界。
- 对比度：可以调整选区边缘的锐化程度，去除模糊的不自然感，数值越大，边缘锐化越明显。
- 平滑：可以使选区边界变得更平滑。
- 羽化：可以对创建的选区边缘进行柔化。
- 预览方式 ：依次为标准、快速蒙版、黑底、白底和蒙版。可以根据不同的需要选择不同的预览方式。

3．"修改"命令组

下面介绍"修改"命令组中的命令。

- 边界：输入边界值可以创建一个相应宽度的边框选区。
- 平滑：根据输入的取样半径，可以使当前选区中小于"取样半径"的部位产生平滑效果。
- 扩展：输入数值后可将选区向外扩展相应的像素数。
- 收缩：输入数值后可将选区向内收缩相应的像素数。
- 羽化：可使选区边缘产生羽化半径范围内的羽化效果。

4．变换选区

选择该命令后，可对当前的选区在大小、方向和形状上进行任意变换调整，但该命令只改变当前选区，对图像没有任何影响。

案例 4　　照片扶正——图片的编辑

案例描述

通过利用"标尺工具"和"裁剪工具"将给定照片中的亭子图像扶正，效果如图 2-52 所示。

原图　　　　　　　　　　　　　　　最终效果图

图 2-52　扶正的亭子

案例分析

● 利用标尺工具测量倾斜角度。
● 利用裁剪工具裁切图片。

 操作步骤

（1）打开素材图像文件"亭子.jpg"，选择工具箱中的"标尺工具" ，沿着亭子下边缘画出直线，如图 2-53 所示。

（2）选择"图像→旋转画布→任意角度"命令，弹出"旋转画布"对话框，单击"确定"按钮，效果如图 2-54 所示。

图 2-53　画直线

图 2-54　旋转画布

（3）从工具箱中选择"裁剪工具" ，在选项栏中单击"前面的图像"按钮，在工作区图像上拖动创建裁剪框，如图 2-55 所示，按"Enter"键，效果如图 2-52 所示。

图 2-55　裁剪框

（4）选择菜单"文件→存储"命令，保存文件。

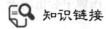知识链接

2.7　裁剪工具

裁剪工具 ⌁ 可以在图像或图层中裁剪下所选定的区域。图像区域选定后，在选区边缘将出现 8 个控制点，用于改变选区的大小，同时还可以旋转选区。选区确定后，双击选区或按 "Enter" 键确认裁剪。

选中裁剪工具后，打开裁剪工具选项栏，如图 2-56 所示。

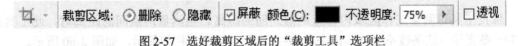

图 2-56　"裁剪工具"选项栏

- 宽度和高度：用来设定裁剪后图像的宽度和高度。
- "清除"按钮：用于清除所有设定值。
- 分辨率：用于设定裁剪后图像的分辨率。
- "前面的图像"按钮：使用前面图像的尺寸和分辨率作为裁剪后图像的参数。

当选好裁剪区域后，裁剪工具选项栏将显示另一种状态，如图 2-57 所示。

| 🔲 ⋅ | 裁剪区域: ⊙ 删除　○ 隐藏　☑ 屏蔽　颜色(C): ■　不透明度: 75%　▶　□ 透视 |

图 2-57　选好裁剪区域后的"裁剪工具"选项栏

- "屏蔽"复选框：勾选此项，则非裁剪区域将被阴影遮盖显示。
- 颜色：用于设定非裁剪区域阴影的颜色。
- 不透明度：用于设定非裁剪区域阴影颜色的透明度。
- "透视"复选框：所谓"透视"是指物体的轮廓会随观察者视角的变化按照一定的规律产生变形，从而得到不失真的视觉效果。勾选此项，可以设定图像或裁剪区的中心点及大小，裁剪后图像将按照透视关系被展平，利用此项功能可以制作三维贴图。

2.8　吸管工具组和标尺工具

1．吸管工具

吸管工具可用于拾取图像中某位置的颜色来作为当前颜色。选择该工具后，在图像上单击鼠标即可将光标处的颜色设置为前景色；按下 "Alt" 键的同时单击鼠标可将光标处的颜色设置为背景色；按下 "Shift" 键，可切换至颜色取样器工具，可以取出 4 个采样点。选择该工具后，在其选项栏中选择"取样大小"时，可取多个像素的平均颜色。

除了以上用途之外，还有一个非常重要的作用是吸取不同位置的颜色，然后在"信息"调板中可以查看颜色的数值，如图 2-58 所示。

2．颜色取样器工具

颜色取样器工具用于在图像中定义颜色采样点，并把信息保存在图像文件中。Photoshop 允

许用户在图像中定义 4 个采样点，并且这些采样点的信息会显示在"信息"调板中。

选择该工具后，在图像上单击即可设置采样点，定义多个采样点时，图像中会出现采样编号标志，如图 2-59 所示。

图 2-58　"信息"调板　　　　　　　　　　图 2-59　采样点

将光标置于定义好的采样点上，当光标呈 ▸ 形状显示时，可以移动采样点到新的位置上；若要删除某个采样点，则将光标置于采样点上，按住"Alt"键，这时光标变成剪刀形状，单击即可删除；要清除所有采样点，则可单击工具选项栏中的"清除"按钮。

3．标尺工具

标尺工具可测量工作区域内任意两点之间的距离。当测量两点间的距离时，此工具会绘制一条直线（这条线不会打印出来），并在标尺工具选项栏中显示，如图 2-60 所示。

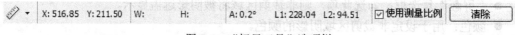

图 2-60　"标尺工具"选项栏

- X、Y：显示起始点的位置。
- W、H：显示以 x 轴和 y 轴为基准的两点间的水平（W）和垂直（H）距离。
- A：显示与水平线或其他直线的夹角。
- D1、D2：显示两点间的绝对距离。
- 清除：删除所测量的所有坐标。

标尺工具在测量距离上十分便利（特别是在斜线上），还可以用它来量角度（就像一个量角器）。在信息面板可视的前提下，选择标尺工具单击并拖出一条直线，按住"Alt"键从第一条线的节点上再拖出第二条直线，这样两条线间的夹角和线的长度都显示在信息面板上。用标尺工具拖动可以移动测量线（也可以只单独移动测量线的一个节点），把测量线拖到画布以外就可以把它删除。

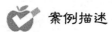　**案例 5　　童年的回忆——数码照片的修整**

案例描述

通过修复工具的功能、图像的去色及色阶的调整完成如图 2-61 所示的效果。

原图

最终效果图

图 2-61　童年的回忆

　案例分析

● 利用修复工具组对图像进行修复。
● 利用仿制图章工具复制图像。
● 利用图像的调整功能去色并进行色阶的调整。

　操作步骤

（1）打开素材图像文件"童年的回忆.jpg"，并放大显示。

（2）从工具箱中选择"红眼工具"　，将其选项栏中的"瞳孔大小"和"变暗量"都设为 50%，将光标置于眼睛的红色处单击去除红眼。

（3）从工具箱中选择"修补工具"　，在女孩胳膊的疤痕处创建修补区，如图 2-62 所示，然后按下鼠标左键向皮肤光滑处拖动，松开鼠标即可，效果如图 2-63 所示，取消选区。

图 2-62　修补区

图 2-63　修补源

（4）重复第（3）步操作，将女孩脸上的胎记处理掉。

（5）从工具箱中选择"修复画笔工具"　，将鼠标光标置于准确位置，按下"Alt"键，光标状态改变，如图 2-64 所示，按下鼠标左键取样，然后在需要修整的图像上拖动鼠标，如图 2-65 所示，可以多次取样进行修整，效果如图 2-66 所示。

图 2-64　修复画笔工具取样　　　　　　　　图 2-65　用修复画笔工具修复

图 2-66　修复画笔工具修复后的效果

（6）从工具箱中选择"仿制图章工具" 🔖，按下"Alt"键，光标状态改变，如图 2-67 所示，按下鼠标左键取样，然后在需要修整的图像上拖动鼠标，如图 2-68 所示，可以多次取样进行修整，效果如图 2-69 所示。

图 2-67　仿制图章工具取样　　　　　　　　图 2-68　仿制图章工具修复

（7）重复第（6）步操作（取样点位置不同），用仿制图章工具修复图像，效果如图 2-70 所示。

图2-69　仿制图章工具修复后的效果　　　　　图2-70　修复后的图像效果

（8）从工具箱中选择"多边形套索工具"，创建选区，如图 2-71 所示。选择"图像→调整→去色"命令，将选区内的图像变为黑白图像。

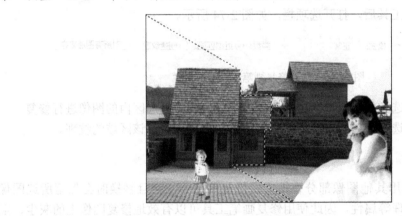

图2-71　选区范围

（9）选择"图像→调整→色阶"命令，弹出"色阶"对话框，设置参数，如图 2-72 所示，单击"确定"按钮并取消选区，效果如图 2-61 所示。

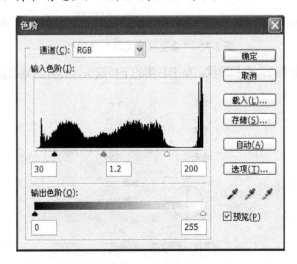

图2-72　"色阶"对话框

（10）选择"文件→存储"命令，保存文件。

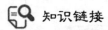知识链接

2.9　修复工具组

修复工具组主要用于对图像进行修复，其中包括 4 种工具，如图 2-73 所示。

1．污点修复画笔工具

利用"污点修复画笔工具"可以快速清除图像中的污点和小面积不理想的部分。利用"污点修复画笔工具"修复图像，可直接选取该工具并设置合适的画笔大小（画笔大小要比修复的区域稍大一些），在需要修复的图像上单击一下即可。

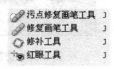

图 2-73　修复工具组

从工具箱中选择该工具后，打开选项栏，如图 2-74 所示。

图 2-74　"污点修复画笔工具"选项栏

● "近似匹配"单选按钮：对选区边缘周围的像素取样，对选区内的图像进行修复。
● "创建纹理"单选按钮：将选区内的像素创建一个用于修复该区域的纹理。

2．修复画笔工具

修复画笔工具可以用其他图像部分替换需要修复的部分，并且替换时会保留所选图像部分的阴影、光线及纹理等属性，因此使用修复画笔工具可以有效地修复图像上的灰尘、痕迹和皱纹等。使用时首先按"Alt"键，用鼠标左键单击取样点，然后将鼠标放在需要修复的位置，单击左键即可。

从工具箱中选择该工具后，打开选项栏，如图 2-75 所示。

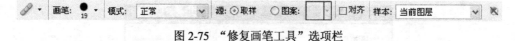

图 2-75　"修复画笔工具"选项栏

（1）画笔：指定画笔的大小和形状，单击右侧的下拉箭头，打开画笔设置框，如图 2-76 所示。

图 2-76　画笔设置

- 直径：调整画笔的大小。
- 硬度：调整画笔的粗糙程度。
- 间距：调整所选画笔的基本单位（圆）连接的间距，数值越大圆的间距越远。
- 画笔预览窗口：可以预览根据数值变化的画笔的形状。
- 角度：调整画笔形状的角度。
- 圆度：调整画笔的圆度。
- 大小：设定使用按键时的有关压力感知部分的选项。

（2）模式：使用修复画笔时，可以应用各种混合模式。

（3）源：包含两个单选按钮。

- "取样"单选按钮：把鼠标单击位置的图像提取为图像样本。
- "图案"单选按钮：把加载为图案的图像选择为图像样本。

（4）"对齐"复选框：勾选此项，复制的对象为图像样本时，保持基准点与第 1 次单击点间的间距。

（5）样本：分为所有图层、当前图层、当前和下方图层三个选项，在由多个图层构成的图像中，应用的效果与图层位置无关。

3．修补工具

修补工具可以把图像的指定部分复制到其他图像的部分或整体上。使用时首先选取要修补的图像区域（称为源），并将其拖动到目标图像区域（称为目标）上，修复完成后取消选取即可。

从工具箱中选择该工具后，打开选项栏，如图 2-77 所示。

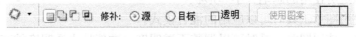

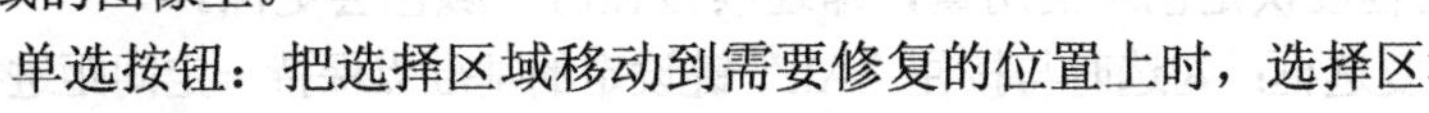

图 2-77　"修补工具"选项栏

（1）修补：使用修补工具时选择设置修补的方式。

- "源"单选按钮：使用修补工具移动所选区域时，释放鼠标位置上的图像将被复制到所选区域的图像上。
- "目标"单选按钮：把选择区域移动到需要修复的位置上时，选择区域的图像将替换要修复部分的图像。

（2）"透明"复选框：在被复制的图像部分应用透明度。

（3）使用图案：在使用修补工具选择的区域上应用指定的图案。

4．红眼工具

红眼工具可以对图像的局部颜色进行快速替换，如去除照片红眼和局部上色等。使用时，直接用鼠标左键单击红眼部位即可。

从工具箱中选择该工具后，打开选项栏，如图 2-78 所示。

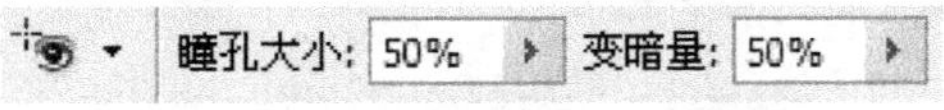

　　　　　　+⊙ ▾　　瞳孔大小: 50% ▸　变暗量: 50% ▸

图 2-78　"红眼工具"选项栏

- 瞳孔大小：用来设置修复后瞳孔与眼珠的大小比例，数值越大，瞳孔越大。
- 变暗量：用来设置修复后瞳孔的明暗度，数值越大，瞳孔越暗。

2.10   图章工具组

图章工具组可以以局部图像或某一图案为样本进行复制绘画，包括两种工具，如图 2-79 所示。

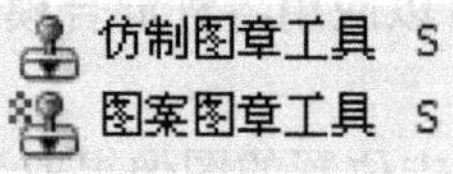

图 2-79   图章工具组

1. 仿制图章工具

该工具可以把图像的指定部分复制到其他图像的部分或整体上。使用时首先在按住 "Alt" 键的状态下单击鼠标设定取样点后，在需要修整的位置拖动鼠标，则取样点上的图像将会复制到拖动部分。

从工具箱中选择该工具后，打开选项栏，如图 2-80 所示。

图 2-80   "仿制图章工具" 选项栏

- 画笔：指定所使用的画笔大小和形状。
- 模式：使用图章工具时可以应用的混合模式。
- 不透明度：使用图章工具时可以调整不透明度，数值越小透明度越高。
- 流量：用于调整画笔大小和所应用部分的边界线的不透明度，也就是通过调整笔触的浓度和强度表现强弱感。
- 经过设置可以启用喷枪功能：选中该选项则启用喷枪功能，喷枪功能会根据鼠标左键按住的程度决定色彩的用量，即连续按住时，颜色会更深。
- "对齐" 复选框：勾选时与按住 "Alt" 键设定的基准点保持一定间距进行复制，如果没有选中该项，则再次拖动鼠标时将恢复到初始的基准点，而并不保持一定的间距。
- 切换画笔调板：单击该图标，则在界面中激活画笔面板。

注意：
仿制图章工具与修复画笔工具的区别是：仿制图章工具可以从图像中取样，然后用所取样本在其他图像中或在同一图像的其他位置进行相当于复制性质的绘画，用流行的术语讲就是克隆；使用修复画笔工具可以将样本像素的纹理、光照和阴影与源像素进行匹配，从而使修复后的像素不留痕迹地融入图像中去，比使用仿制图章工具更加精确而轻松地修复图像。

2. 图案图章工具

图案图章工具是用所选择的图案进行复制性质的绘画，可以从图案库中选择图案，也可以自己创建图案。

从工具箱中选择该工具后，打开选项栏，如图 2-81 所示。

图 2-81 "图案图章工具"选项栏

● 图案：可以从图案库中选择要填充的图案，也可以自定义图案。具体定义方法是：
  在图像中选取预定义的图像区域；选择"编辑→定义图案"命令，在弹出的对话框
  中输入"图案名称"，单击"确定"按钮；选择"图案图章工具"并选择自己定义的
  图案，在图像中拖动鼠标即可复制图案。
● "印象派效果"复选框：勾选此复选框，可对填充的图案应用印象派效果。

案例 6 个性照的设计制作——形状工具和画笔的使用

案例要求

通过使用形状工具和画笔描边功能，完成如图 2-82 所示的个性照的设计。

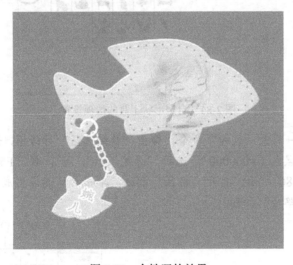

图 2-82 个性照的效果

案例分析

● 通过灵活运用各种形状工具绘制图形。
● 利用画笔工具描边路径。

操作步骤

（1）选择"文件→新建"命令，弹出"新建"对话框，设置参数，如图 2-83 所示，并
用黑色填充背景。

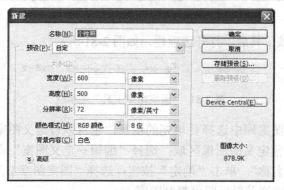

图 2-83　"新建"对话框

（2）单击"图层"调板下方的"创建新图层"按钮 □ 新建图层 1，选择自定形状工具 □，打开选项工具栏，如图 2-84 所示，在图层 1 中拖动鼠标画出图形路径（若无此图形，可单击图 2-84 中的按钮，从中选择"动物"）；按下"Ctrl+Enter"组合键，将路径转换为选区；设置前景色为玫红色（#b40b46），选择油漆桶工具填充颜色。

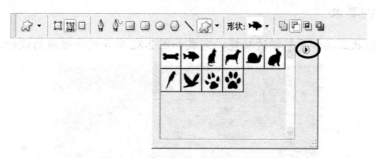

图 2-84　自定形状工具的选项设置

（3）选择"选择→修改→收缩"命令，弹出"收缩选区"对话框，设置参数，如图 2-85 所示；设置前景色为黑色（#000000），选择"画笔工具" ☑，按"F5"键打开"画笔"调板，参数设置如图 2-86 所示；打开"路径"调板，单击"从选区生成工作路径"按钮 △，再单击"用画笔描边路径"按钮 ○。

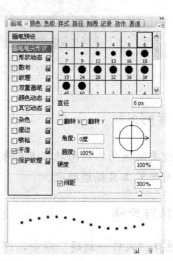

图 2-85　"收缩选区"对话框　　　　　图 2-86　画笔调板

（4）新建图层 2，选择铅笔工具 ✐., 大小为 1px，将前景色设为（#c6c6c6），单击
"路径"调板中的"用画笔描边路径"按钮 ◯, 并按"Delete"键删除路径；单击"图层"
调板中的"设置图层的混合模式"下拉按钮，将图层 2 的图层混合模式设置为"叠加"，效
果如图 2-87 所示。

（5）激活图层 1，用"椭圆选框工具" ◯ 拖出一个圆形选区，按"Delete"键删除；再
单击图层面板中的"添加图层样式"按钮 ƒx., 选择"斜面和浮雕"；在弹出的"图层样式"
对话框中将大小设置为 1 像素，其他值默认；在"图层"调板中选中图层 1，按住"Ctrl"
键再单击图层 2，即同时选中两个图层，用鼠标右击选中的图层，从弹出的快捷菜单中选择
"合并图层"命令，将两个图层合为一个，双击图层名，修改为"图层 1"，效果如图 2-88
所示。

　　　　图 2-87　图层 1、2 的叠加效果　　　　　　　　　图 2-88　合并图层后的效果

（6）按"Ctrl+J"组合键，复制图层 1，得到副本层；按下"Ctrl+T"组合键，用鼠标
右键单击变换框，从弹出的快捷菜单中选择"水平翻转"命令，再右击选择"垂直翻转"命
令，再右击选择"缩放"命令，拖动变换框改变图形大小，右击选择"旋转"命令，调整其
角度；移动图层 1 副本的位置，效果如图 2-89 所示。

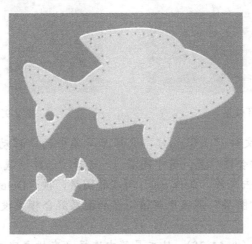

图 2-89　复制后的效果

（7）新建图层 2，用椭圆选框工具画正圆形选区，选择"渐变工具" ▮▮填充径向渐变色，
即单击选项工具栏中的"点按可编辑渐变"按钮 ▮▮▮▮, 渐变色设置为 ▮▮▮▮▮▮, 效果

如图 2-90 所示；选择"选择→修改→收缩"命令，将选区向内收缩大小为 30px，按"Delete"键取消选区；单击"图层"调板下方的"添加图层样式"按钮 *fx*，从弹出的下拉列表中选择"斜面和浮雕"选项，大小为 1 像素（其他参数默认），效果如图 2-91 所示。

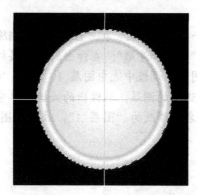

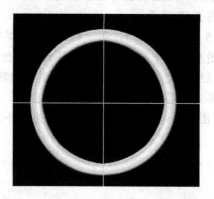

图 2-90　径向渐变效果　　　　　　　　　　　图 2-91　斜面和浮雕效果

（8）按"Ctrl+J"组合键，得到图层 2 副本。激活图层 2，调整圆环的大小和位置，从工具箱中选择"橡皮擦工具" ，将多余的部分擦除，效果如图 2-92 所示；激活图层 2 副本，按"Ctrl+T"组合键，缩小圆环并调整其角度；再按 5 次"Ctrl+J"组合键复制小圆环，移动各图层的位置，并用橡皮擦工具将多余的部分擦除，效果如图 2-93 所示；合并图层 2 及其副本层并改图层名为"图层 2"。

图 2-92　圆环效果　　　　　　　　　　　　图 2-93　吊坠链效果图

（9）打开素材图像文件"头像.jpg"，选择工具箱中的"移动工具" ，将图片拖至"个性照"图层 1 的上方合适位置；选中图层 1，选择"选择→载入选区"命令，反选后进行羽化（值为 5），再单击文件"头像.jpg"所在的图层，按"Delete"键删除多余部分，效果如图 2-94 所示，在"图层"调板中将该图层的图层混合模式设为"正片叠底"，取消选区，效果如图 2-95 所示。

（10）将前景色设为（#c44a3f），从工具箱中选择"直排文字工具" T，输入"婉儿"两个字；右击该文字图层，在弹出的快捷菜单中选择"栅格化文字"命令，并调整方向；单击"图层"调板下方的"添加图层样式"按钮 *fx*，从中选择"描边"命令，弹出"图层样式"对话框，设置参数，如图 2-96 所示。将文字图层的图层混合模式设为"正片叠底"。

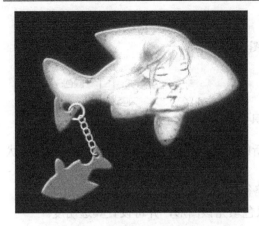

图 2-94　删除后的头像图片

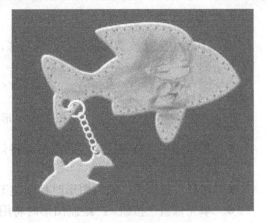

图 2-95　正片叠底后的图像

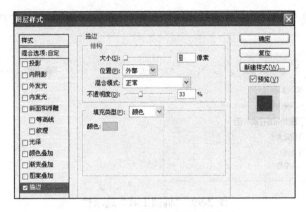

图 2-96　描边对话框设置

（11）选择"文件→存储"命令，保存图像文件。

知识链接

2.11　形状工具组

形状工具组共包括 6 种工具，如图 2-97 所示，主要用来绘制各种形状、路径或填充区域。

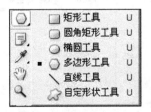

图 2-97　形状工具组

1. "形状工具"选项栏

从工具箱中选择该工具后，打开选项栏，如图 2-98 所示。

图 2-98 "形状工具"选项栏

- "形状图层"按钮：绘制图形时将创建新的图层，并且所绘制的图形被放置在形状层蒙版中。
- "路径"按钮：绘制图形时将创建工作路径，该路径与钢笔绘制的路径相同。
- "填充像素"按钮：绘制图形时将用前景色填充该图形，并可设置其透明度。

2. 椭圆工具

选择"椭圆工具"，打开选项栏，单击"几何选项"按钮，打开"椭圆选项"选项组，如图 2-99 所示。

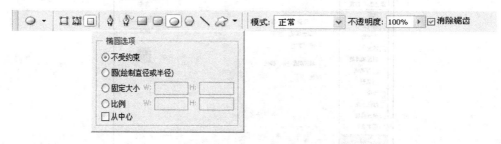

图 2-99 "椭圆工具"选项栏

- "不受约束"单选按钮：默认的系统选项，用来绘制自定义大小的椭圆形。
- "圆"单选按钮：选中该项，用来绘制正圆。
- "固定大小"单选按钮：设置椭圆的长和宽，从而绘制指定大小的椭圆。
- "比例"单选按钮：约束椭圆的长宽比例，从而绘制指定比例的椭圆。
- "从中心"复选框：勾选此项，绘制椭圆时从中心向四周发散绘制。

3. 多边形工具

打开"多边形选项"选项组，如图 2-100 所示。

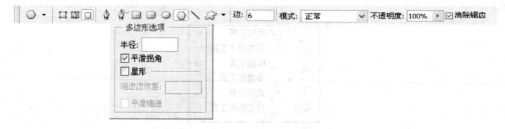

图 2-100 "多边形工具"选项栏

- "半径"：指定多边形中心与各顶点之间的距离。

- "平滑拐角"复选框：控制所绘制的多边形的顶点是否平滑。
- "星形"复选框：勾选该选项，借助"缩进边依据"选项，可以设置星形多边形各边向内的凹陷程度。
- "平滑缩进"复选项：用来控制星形多边形的各边是否平滑凹陷。

4. 矩形工具

打开"矩形选项"选项组，如图 2-101 所示，其选项栏各参数功能与"椭圆工具"类似。

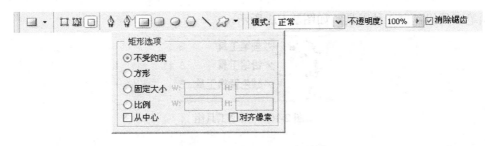

图 2-101　"矩形工具"选项栏

"对齐像素"复选框：控制绘制的矩形边缘是否与像素边界对齐。

5. 圆角矩形工具

"圆角矩形工具"选项栏中的"半径"选项用于设置矩形的圆角半径，值越大，角越圆。"圆角矩形选项"选项组与"矩形选项"选项组相同。

6. 直线工具

选择直线工具，打开"箭头"选项组，如图 2-102 所示。

图 2-102　"直线工具"选项栏

- "起点"复选框：勾选此选项，在绘制的直线的起点处添加箭头。
- "终点"复选框：勾选此选项，在绘制的直线的终点处添加箭头。同时勾选"起点"和"终点"时，将得到一条双向箭头的直线。
- "宽度"：设置箭头的宽度。
- "长度"设置箭头的长度。
- "凹度"：改变箭头的凹凸程度。

7. 自定义形状工具

"自定义形状工具"选项栏如图 2-84 所示，通过设置形状参数，可以绘制出不同的自定义形状。

> **注意**："形状工具"选项栏中的不透明度与图层的不透明度的功能相同。

2.12 画笔工具组

画笔工具组包含 3 种工具，如图 2-103 所示。

图 2-103　画笔工具组

1. 画笔工具

画笔工具可以模拟毛笔的效果在图像或选区中进行绘制，选中该工具后打开其选项栏，如图 2-104 所示。

图 2-104　"画笔工具"选项栏

● "画笔"选项：用于选择笔刷，单击画笔右侧的按钮 ，打开"画笔预设"面板，如图 2-105 所示；单击其右上角的按钮 ，打开画笔选项菜单，如图 2-106 所示。

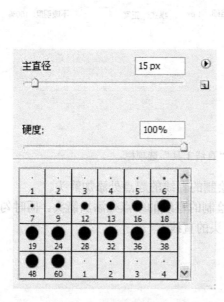

图 2-105　"画笔预设"调板

图 2-106　画笔选项菜单

- 模式：用于设置笔刷颜色与图像原有底色的混合模式。
- 不透明度：用于设定画笔的不透明程度。
- 流　量：用于产生水彩画的效果。
- 喷枪工具 ：选中该工具后，画笔在绘制图像停顿时，颜料会继续喷出，如图 2-107 所示。

图 2-107　使用喷枪前后的效果对比

2．铅笔工具

铅笔工具可以模拟硬笔的风格进行绘画，选中该工具后，打开选项栏，如图 2-108 所示。

图 2-108　"铅笔工具"选项栏

"自动抹除"复选框：用于自动判断绘画时的起始点颜色，如果起始点颜色为背景色，则铅笔工具将以前景色绘制，反之如果起始点颜色为前景色，则以背景色绘制。

> **注意**：使用绘画工具（如画笔，铅笔等）时，按住"Shift"键单击鼠标，可将两次的单击点以直线连接。

3．"画笔"调板

从工具箱中选择"画笔工具"或"铅笔工具"后，按"F5"键可打开"画笔"调板，如图 2-109 所示。

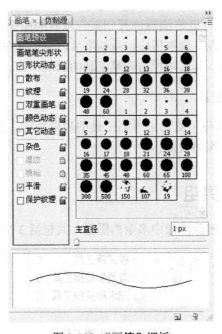

图 2-109　"画笔"调板

（1）画笔预设：选择该项后，可从打开的面板中选择所需的笔头，并调整其大小。

（2）画笔笔尖形状：选择该项后，可从打开的面板中设置笔头的形状及其参数，如图 2-110 所示。

● 直径：用于设置画笔笔头的大小。

● 角度：用于设置笔头与纸面的角度及笔头的圆度。

● 硬度：用于设置笔头边缘的虚实度。

● 间距：用于设置笔头的间距，数值越大，间距越大。

笔头形状设置效果如图 2-111 所示。

 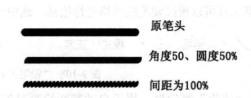

图 2-110　画笔笔尖形状　　　　　　　　　图 2-111　笔头形状设置效果

2.13　历史画笔工具组

历史画笔工具组包括历史记录画笔工具与历史记录艺术画笔工具。从整体上看，历史画笔工具属于复原工具，其使用必须与历史记录面板相结合。

1. 历史记录画笔工具

在编辑图像的过程中，可以将编辑进行到某一步时的图像状态保存下来，历史记录画笔的作用就是将这一状态重现。选取历史记录画笔后，用鼠标在图像上拖动，则鼠标经过的区域将重现图像当时的状态，其选项栏与画笔工具的选项一致。

2. 历史记录艺术画笔工具

历史记录艺术画笔工具与历史记录画笔工具的功能相似，只是比历史记录画笔多了风格化处理，从而可以产生特殊的效果。

2.14　橡皮擦工具组

橡皮擦工具组主要用于擦除图像中多余的图像，共包括 3 个工具，如图 2-112 所示。

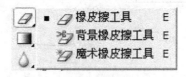

图 2-112　橡皮擦工具组

1．橡皮擦工具

橡皮擦工具用于擦除图像中不需要的部分，被擦除的部分以背景色填充，其选项栏如图 2-113 所示。

图 2-113　"橡皮擦工具"选项栏

模式：该列表有画笔、铅笔和块 3 个选项。当选择"画笔"或"铅笔"模式时，"橡皮擦工具"如同"画笔工具"或"铅笔工具"；当选择"块"模式时，该工具具有硬边缘和固定大小的方块形状，且"不透明度"和"流量"选项无效。

2．背景色橡皮擦工具

背景色橡皮擦工具用来擦除背景色，被擦除的背景色区域将变为透明。使用背景橡皮擦工具擦除背景后，背景图层自动变为普通图层，取名为"图层 0"，如图 2-114 所示。使用橡皮擦工具对背景擦除后，背景图层性质不变化，相当于用背景色绘画，效果如图 2-115 所示。

图 2-114　使用"背景橡皮擦工具"擦除效果　　　图 2-115　使用"橡皮擦工具"擦除效果

3．魔术橡皮擦工具

用魔术橡皮擦工具在图像上单击时，会自动擦除所有相似的颜色。如果是在锁定了透明区域的图层中擦除图像，被擦除的颜色会更改为背景色，否则擦除区域变为透明（若用该工具擦除背景层中的图像，则背景层转换为"图层 0"，即普通图层），如图 2-116 所示。

背景层

图 2-116　使用"魔术橡皮擦工具"效果对比

图层 1

锁定透明像素层

图 2-116　使用"魔术橡皮擦工具"效果对比（续）

2.15　文字工具组

文字工具组主要用于在图像中输入文字，文字工具组包含 4 个工具，如图 2-117 所示。

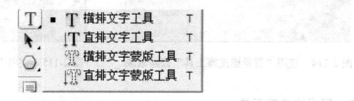

图 2-117　文字工具组

1. 横排文字工具和直排文字工具

选择横排文字工具或直排文字工具后，在画布上单击，可直接在图像中输入文字，此时在"图层"调板中会自动产生一个文字图层。文字层是一种特殊的图层，不能通过传统的选取工具来选择某些文字（转换为普通图层后可以，也称为栅格化图层，但不能再更改文字内容），而只能在编辑状态下，在文字中拖动鼠标去选择某些字符。

选择"横排文字工具"或"直排文字工具"，打开选项栏，如图 2-118 所示。

图 2-118　"横排文字工具/直排文字工具"选项栏

创建文字变形按钮 ：该功能可以令文字产生变形效果，可以选择变形的样式及设置相应的参数，"变形文字"对话框参数设置如图 2-119 所示。需要注意的是，其只能针对整个文字图层而不能单独针对某些文字，如果要制作多种文字变形混合的效果，可以通过将文字分次输入到不同文字层，然后分别设定变形的方法来实现，变形效果如图 2-120 所示。

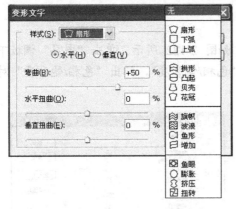

图 2-119　"变形文字"对话框　　　　　　　　图 2-120　变形文字效果

2．横排文字蒙版工具和直排文字蒙版工具

选择"横排文字蒙版工具"或"直排文字蒙版工具"后，创建一个文字形状的选区，文字选区出现在当前图层中，可以像任何其他选区一样对其进行移动、复制、填充或描边。

案例 7　　装饰画的绘制——路径的编辑与使用

 案例描述

通过钢笔工具及形状工具完成如图 2-121 所示的效果。

图 2-121　装饰画的效果

 案例分析

● 利用画笔工具设置背景。

● 利用钢笔工具绘制叶子图形和花茎。

● 利用形状工具绘制小花。

● 利用钢笔工具和形状工具制作边框。

操作步骤

（1）选择 "文件→新建" 命令，设置参数，如图 2-122 所示。单击 "图层" 调板下方的 "创建新的填充或调整图层" 按钮 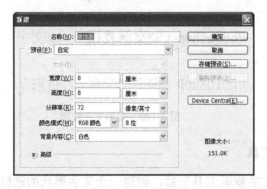，选择 "色相/饱和度"，弹出 "色相/饱和度" 对话框，设置参数，如图 2-123 所示。

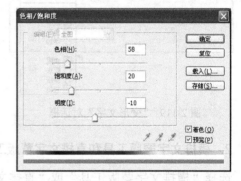

图 2-122 "新建" 对话框   图 2-123 "色相/饱和度" 对话框

（2）选择 "视图→标尺" 命令（使标尺左侧出现 "√"），鼠标放在标尺上向下或向右拖动，拖出参考线，如图 2-124 所示。从工具箱中选择 "自定义形状工具" 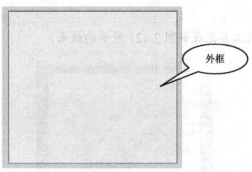，设置其选项工具栏，如图 2-125 所示。沿着参数线内框画出形状路径，按 "Ctrl+Enter" 组合键将路径转换为选区。

图 2-124   参考线设置

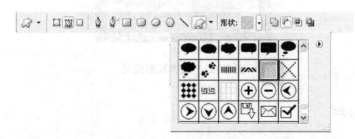

图 2-125 "自定义形状工具" 选项设置

（3）单击"图层"调板下方的"创建新图层"按钮 ，新建图层 1，将前景色设为 #158dfc，将该图层的不透明度设置为 5%，填充选区，效果如图 2-126 所示。

图 2-126　背景设置后的效果图和"图层"调板

（4）新建图层 2，从工具箱中选择"钢笔工具" ，设置工具选项栏，如图 2-127 所示，绘制叶子图形；从工具箱中选择"直接选择工具" ，单击需要调整的锚点，并拖动鼠标调整锚点的位置，效果如图 2-128 所示。

图 2-127　钢笔工具及其选项栏

（5）从工具箱中选择"路径选择工具" ，按下"Shift"键选中所有锚点，按下 "Alt"键拖动锚点，复制得到其他叶子路径，再适当调整，效果如图 2-129 所示。新建图层 2，设置前景色为# 95a2b1，在"路径"调板中选中"工作路径"，单击"路径"调板下方的 "用前景色填充路径"按钮 。

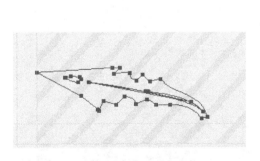

图 2-128　叶子路径　　　　　　　　　图 2-129　叶子路径效果图

（6）新建图层 3，设置前景色为黑色；从工具箱中选择"铅笔工具" ，设置其选项栏，如图 2-130 所示；激活"路径"调板，选择"工作路径"再单击"路径"调板下方的

“用画笔描边路径”按钮；选择图层 3，并在“图层”调板中将填充设为 20%，图层混合模式设为“叠加”，效果如图 2-131 所示。

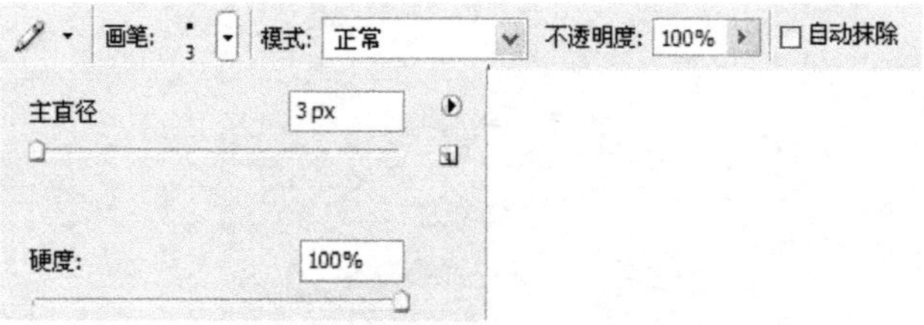

图 2-130 “铅笔工具”选项栏

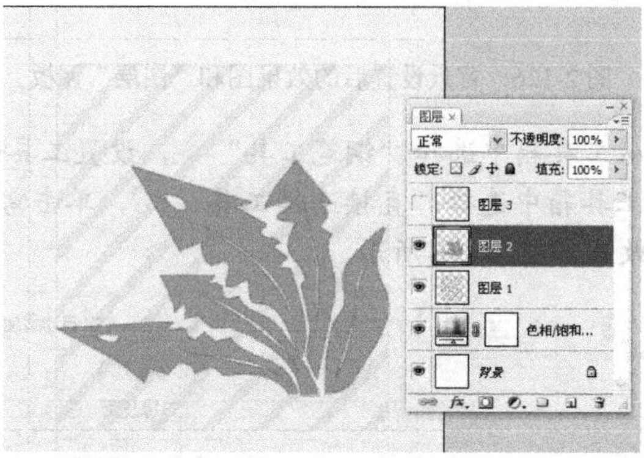

图 2-131 叶子效果图

（7）激活“路径”调板，单击其下方的“创建新路径”按钮。从工具箱中选择“椭圆工具”（注意：在其工具选项栏中的仍然选择“重叠路径区域除外”按钮），绘制圆形花心路径；再从工具箱中选择“矩形工具”，绘制矩形花瓣路径，如图 2-132 所示；从工具箱中选择“路径选择工具”，选择矩形，按“Ctrl+C”组合键复制，在屏幕上单击取消选中锚点，按“Ctrl+V”组合键粘贴矩形路径；再利用键盘上的方向键，将粘贴的矩形路径向右移动，位置如图 2-133 所示。

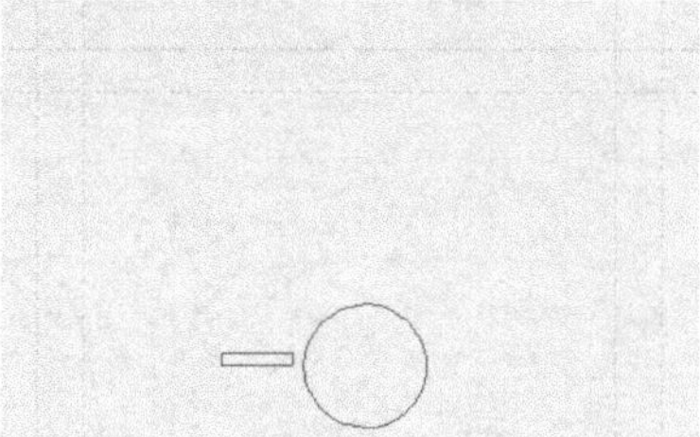

图 2-132 绘制一个花瓣

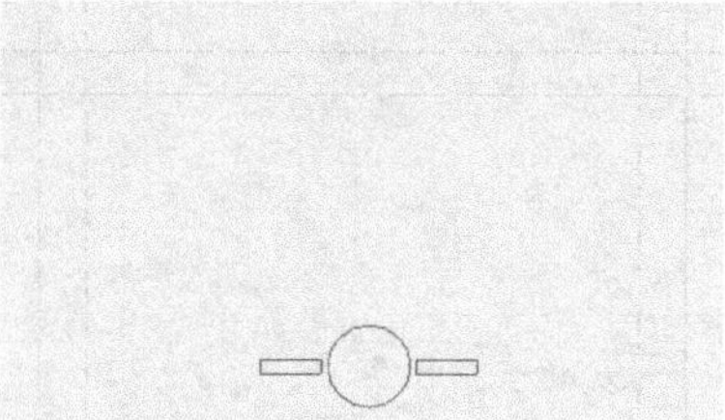

图 2-133 复制后的效果

（8）从工具箱中选择“路径选择工具”，单击其中的一个矩形，再按“Shift”键单击另一个，将两个全部选中，按"Ctrl+C"组合键复制，在屏幕上单击取消选中锚点，按"Ctrl+V"组合键粘贴矩形路径；再按"Ctrl+T"组合键自由变换图形，确认图形的变换中心与圆的圆心对齐（否则需要调整变形中心），然后在选项栏中设置角度为"15"度，效果如图 2-134 所示。

（9）利用上述方法复制其他花瓣，效果如图 2-135 所示。

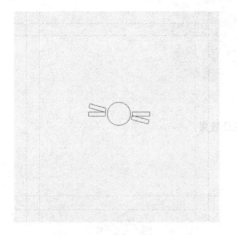

图 2-134　调整角度后的效果

图 2-135　花瓣效果

（10）参照（7）、（8）、（9）三步的操作，制作外层花瓣，效果如图 2-136 所示；从工具箱中选择"路径选择工具" ，用画矩形区域的方法选中花朵的所有锚点进行复制，并调整其大小和位置，效果如图 2-137 所示。

图 2-136　复制后的花朵

图 2-137　花朵路径

（11）新建图层 4，设置前景色为#70b1ce；按"Ctrl+Enter"组合键将路径转换为选区，再按"Ctrl+Shift+I"组合键进行反选，并填充前景色，取消选区，效果如图 2-138 所示。

（12）按照上面的绘制方法，继续使用路径绘制工具，完成花茎的绘制，如图 2-139 所示。新建图层 5，将前景色设为＃66788b，单击"路径"调板中的"用前景色填充路径"按钮 ，并在"图层"调板中将该图层的填充值设为 80%，效果如图 2-140 所示。

图 2-138   花朵效果

图 2-139   花茎路径   图 2-140   花茎效果

（13）从工具箱中选择"矩形工具" ■，设置其选项栏，如图 2-141 所示（颜色为 #91a2c1），沿参考线拖动鼠标绘制矩形形状，如图 2-142 所示；在工具选项栏中单击"从形状区域减去" 按钮 ，绘制一个矩形，将原矩形的中间部分去掉，效果如图 2-143 所示。

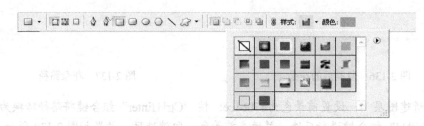

图 2-141   "矩形工具"选项栏

（14）单击"路径"调板下方的"创建新路径"按钮 ，用钢笔工具绘制路径，如图 2-144 所示；继续用钢笔工具绘制路径，如图 2-145 所示；用复制的方式完成其他路径的绘制，效果如图 2-146 所示。

图 2-142　绘制矩形形状　　　　　　　　　图 2-143　减去后的效果

图 2-144　路径 1

图 2-145　路径 2

图 2-146　路径效果

（15）新建图层 6，将前景色设为#99aacd，从工具箱中选择"画笔工具" ，将笔触大小设为 3，单击"路径"调板下方的"用画笔描边路径"按钮 ，将图层 6 的不透明度设为 50%，效果如图 2-147 所示；复制图层 6，将图层 6 副本旋转 90 度（顺时针），并将其位置移动到右边框，重复操作，效果如图 2-121 所示。

图 2-147　画笔描边路径

（16）选择菜单"文件→存储"命令，保存文件。

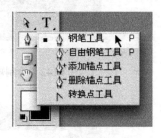

知识链接

2.16   钢笔工具组

钢笔工具组是用来创建路径或形状图层的，包括 5 种工具，如图 2-148 所示。

1. 钢笔工具

从工具箱中选择钢笔工具后，打开选项栏，如图 2-127 所示。

图 2-148   钢笔工具组

● 创建形状图层模式 □：该模式不仅可以在路径面板中新建一个路径，同时还在"图层"调板中创建了一个形状图层，所以如果选择创建"新的形状图层"选项，可以在创建之前设置形状图层的样式、混合模式和不透明度的大小。

● 创建新的工作路径 ⬚：单击"创建新的工作路径"按钮，在画布上连续单击可以绘制出折线，通过单击工具栏中的钢笔按钮结束绘制，也可以在按住"Ctrl"键的同时在画布的任意位置单击，如果要绘制多边形，最后闭合时，将鼠标箭头靠近路径起点，当鼠标箭头旁边出现一个小圆圈时，单击鼠标，就可以将路径闭合。

注意：使用钢笔工具时单击折点，按下鼠标左键拖动折点即可得到贝赛尔曲线，也可以用"转换点工具" ⭠ 进行切换。

● "几何选项"按钮：单击该按钮，会打开"钢笔选项"选项组，如图 2-149 所示。勾选"橡皮带"选项，在移动鼠标创建路径时，图像中会显示鼠标移动的轨迹。

● "自动添加/删除"复选框：勾选该选项，可以直接利用"钢笔工具"在已有的路径上单击鼠标添加或删除锚点。

2. 自由钢笔工具

利用该工具可以跟随鼠标的移动自动创建锚点和路径，如同用画笔工具绘制线条一样。其选项栏与钢笔工具相似。

单击"几何选项"按钮，打开"自由钢笔选项"选项组，如图 2-150 所示。

图 2-149   "钢笔选项"对话框

图 2-150   自由钢笔选项

- 曲线拟合：用于设置所绘制的路径与鼠标光标移动轨迹的相似度，数值越小，路径上的锚点越多，路径形态越精确。
- "磁性的"复选框：勾选该选项，"自由钢笔工具"与"磁性套索工具"的应用方法相似，可以沿着图像的边缘绘制路径，并且自动产生锚点。
- 宽度：决定"磁性钢笔工具"的探测宽度。
- 对比：决定"磁性钢笔工具"对图像边缘的灵敏度，值越大，灵敏度越高。
- 频率：决定路径上生成的锚点数，取值范围为 0～100。
- "钢笔压力"复选框：勾选此项，对钢笔的轨迹产生具有压力感的效果。

3．添加锚点工具和删除锚点工具

该工具主要用于对现成的或绘制完的路径曲线进行调节。例如，要绘制一个很复杂的形状，不可能一次就绘制成功，应该先绘制一个大致的轮廓，然后结合添加锚点工具和删除锚点工具（在需要的位置或锚点处单击）对其逐步进行细化，直到达到最终效果。

4．转换点工具

该工具是用来改变方向线的，即将角点转换为平滑点。如用钢笔工具绘制如图 2-151 所示的路径，从工具箱中选择转换点工具，在图 2-151 所示路径中间的角点上拖动，得到如图 2-152 所示平滑的曲线路径。

在图 2-152 中，中间两个点的方向线末端的小圆点叫"手柄"，用来控制曲线形态，拖动手柄可以改变曲线的形态，如图 2-153 所示。

图 2-151　折线路径　　　　　图 2-152　曲线路径　　　　　图 2-153　形态改变

2.17　路径选择工具组

路径选择工具组是用来对路径进行选取用的，该工具组包括"路径选择工具" ▶ 和"直接选择工具" ▷ 两种工具。这两种工具的区别在于：利用"路径选择工具"可以移动所有锚点，"直接选择工具"可单个调整。

2.18　路径调板

利用"路径"调板可以实现路径的创建与删除、路径与选区的相互转换，以及对路径的填充和描边操作。路径调板如图 2-154 所示。

- "用前景色填充路径"按钮 ●：单击该按钮可以用前景色填充路径包围的封闭区域以外的区域（若路径没有封闭，则系统会自动以最后一个锚点与第一个锚点直线相连构成一个封闭区域），如图 2-155 所示。

图 2-154 "路径"调板

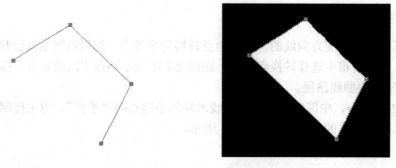

图 2-155 不闭合路径及其填充效果

- "用画笔描边路径"按钮 ：单击该按钮可以用设定的画笔样式沿着路径进行描边，效果如图 2-156 所示。
- "将路径作为选区载入"按钮 ：单击该按钮可以将路径封闭区域以外的区域转换为选区，效果如图 2-157 所示。

图 2-156　画笔描边路径效果

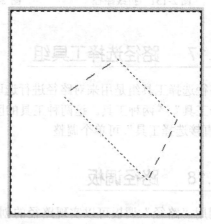

图 2-157　将路径作为选区载入

- "从选区生成工作路径"按钮 ：单击该按钮可以将当前的选区转换为路径，如在

图 2-157 基础之上，单击该按钮则转换为前面的图 2-155 左图所示的路径。

 知识拓展

1．保存渐变样式文件

新渐变样式定义完成后，可直接单击"确定"按钮来应用该渐变样式，一旦再次选定了其他的渐变样式，该样式则会消失。为了以后继续使用该渐变样式，可采取一些方式保存渐变样式：在"渐变编辑器"的"名称"框中输入名称，单击"新建"按钮，将其添加至本机的渐变样式列表中，在预设栏内可以看到新添加的渐变样式；若想将该渐变样式应用于其他计算机上，则应单击"存储"按钮，弹出"存储"对话框，在其中选择文件夹并输入文件名，其文件扩展名为.grd。

若想应用保存的.grd 渐变样式文件，可单击"载入"按钮，将已存储的文件载入使用。

2．图像编辑工具

用绘图工具将图像绘制完成后，通常还要运用图像编辑工具对图像进行处理。工具箱中常用的图像编辑工具包括模糊工具、锐化工具、涂抹工具、减淡工具、加深工具和海绵工具。

（1）模糊工具

模糊工具是通过笔刷使图像模糊的工具，它可以降低图像像素之间的反差，其选项栏如图 2-158 所示。

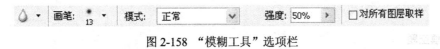

图 2-158 "模糊工具"选项栏

● 模式：用于选择柔化方式。
● 强度：用于设置柔化压力。
● "对所有图层取样"复选框：勾选此项，可作用于所有可见图层。

（2）锐化工具

其功能与"模糊工具"相反，它可以增加图像之间的对比，其选项栏与"模糊工具"选项栏一致。

（3）涂抹工具

利用该工具可以产生好像笔刷在图像中未干的颜料上涂抹的一种模糊效果，其选项栏如图 2-159 所示。

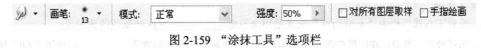

图 2-159 "涂抹工具"选项栏

"手指绘画"复选框：勾选此项，"涂抹工具"使用前景色从鼠标的落点处开始向鼠标移动的方向涂抹；否则，"涂抹工具"使用鼠标落点处的颜色进行涂抹。

（4）减淡工具

该工具的功能是使图像的颜色减淡，同时使图像的亮度增加，选中该工具后，其选项栏如图 2-160 所示。

图 2-160　"减淡工具"选项栏

● 范围：此项用于选择曝光范围。

● 曝光度：此项可以用来设置曝光的程度。

（5）加深工具

该工具的功能是使图像变暗，效果如图 2-161 所示。

图 2-161　原图与减淡、加深、海绵效果的对比

（6）海绵工具

该工具的功能是用来调整图像的色相饱和度。

 思考与实训

一、填空题

1．用椭圆选框工具创建正圆形选区，应按住＿＿＿＿＿＿＿＿键再拖动鼠标，取消选区应按组合键＿＿＿＿＿＿＿＿＿。

2．为使选区边缘产生柔和过渡的效果，可以设置羽化值，羽化值越＿＿＿＿＿，过渡效果越柔和自然。

3．填充工具包括两种，分别是＿＿＿＿＿＿＿＿＿和＿＿＿＿＿＿＿＿＿，套索工具组中包括套索工具、＿＿＿＿＿＿＿和＿＿＿＿＿＿＿3 种；用套索工具绘制折线轮廓选区时，按下＿＿＿＿＿键，可以控制轨迹方向保持水平、垂直或 45°角。

4．在使用魔棒工具时，容差值设得越＿＿＿＿＿，选区的精度越小；利用红眼工具去除照片红眼时，瞳孔大小数值越大，瞳孔越＿＿＿＿＿。

5．反向选择的组合键为＿＿＿＿＿＿＿＿＿＿＿＿＿＿；用户自己定义图案时，应选择＿＿＿＿＿＿＿菜单中的"定义图案"命令。

6．裁剪工具选项栏中"不透明度"选项是用来设定＿＿＿＿＿＿＿区域颜色的透明度。

7．选择吸管工具后，在图像中单击鼠标即可将当前光标处的颜色设置为＿＿＿＿＿；按下"Alt"键的同时，单击图像则将当前光标处的颜色设置为＿＿＿＿＿；颜色取样器工具最多可设置＿＿＿＿＿个采样点。

8．用标尺工具测量角度时，先拖出第一条线，然后按住＿＿＿＿＿键从第一条线的节点上再拖出第二条直线，这样两条线间的夹角和线的长度都显示在信息面板上。

9．污点修复画笔工具在修复图像时＿＿＿＿＿（用不用）取样；修复画笔工具和仿制图章工具在取样时需要按下＿＿＿＿＿键。

10．图章工具组中包括两种工具，分别是＿＿＿＿＿＿＿＿＿＿＿和＿＿＿＿＿＿＿＿＿＿＿＿。

二、上机实训

1．利用规则选取工具组创建如图 2-162 所示的图形。

图 2-162　禁烟标志

2．打开素材图像文件"宝贝.jpg"、"莲花.jpg"和"双手托起.jpg"，制作花中宝贝，效果如图 2-163 所示。

图 2-163　莲花宝贝

3．利用画笔工具、套索工具和填充工具等，绘制漂亮的小房子，效果如图 2-164 所示。

图 2-164　漂亮的小房子

4．打开素材图像文件"幼苗.jpg"，利用标尺和裁剪工具制作苗壮成长的幼苗，效果如图 2-165 所示。

图 2-165　苗壮成长的幼苗

5．打开素材图像文件"美味海鲜.jpg"和"冷饮.jpg"，利用钢笔工具和修复画笔工具制作"冰凉夏日"，效果如图 2-166 所示。

图 2-166　冰凉夏日

6．利用路径工具和涂抹工具制作羽毛扇，效果如图 2-167 所示。

图 2-167　羽毛扇

第**3**章　图层、通道和蒙版

 案例 8　　化妆品包装设计——图层的应用

案例描述

利用"图层"调板中的功能完成如图 3-1 所示效果的制作。

图 3-1　化妆品包装设计效果图

 案例分析

- 利用"魔棒工具"、"快速选择工具"和"钢笔工具"抠取图像。
- 对图像进行"色阶"调整。
- 设置图层的"混合模式"。
- 利用"文字工具"添加文字。

 操作步骤

（1）选择菜单"文件→新建"命令，弹出"新建"对话框，对话框参数的设置如图 3-2 所示，将该文件以"化装品包装设计.PSD"为名进行保存。将前景色设为#931313，按 "Alt+Delete"组合键填充前景色。再将前景色设为#f8bb51，单击"图层"调板下方的"创建新图层"按钮 ，然后用前面的方法为图层1填充前景色。

图 3-2　"新建"对话框

（2）打开素材图像文件"花.jpg"，从工具箱中选择移动工具 ，拖动花复制到"化妆品包装设计"文件中，调整其大小和位置，效果如图 3-3 所示。选择"图像→调整→色阶"命令，色阶参数设置如图 3-4 所示，单击"确定"按钮。

图 3-3　花的大小和位置

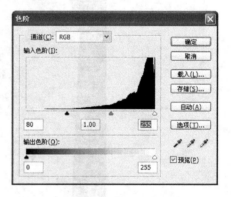

图 3-4　"色阶"对话框

（3）打开素材图像文件"美女 1.jpg"，从工具箱中选择"魔棒工具" 在白色区域中单击，按"Ctrl+Shift+I"组合键进行反选，按"Ctrl+C"组合键复制，再激活"化妆品包装设计"文件，按"Ctrl+V"组合键粘贴。调整图像大小和位置，效果如图 3-5 所示。再调整色阶，参数设置如图 3-6 所示。

图 3-5　美女的大小和位置

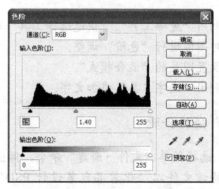

图 3-6　"色阶"对话框

（4）从工具箱中选择"橡皮擦工具" ，选项栏中的画笔大小设为 20px，不透明度和流量均设为 50%，在美女图像周围擦除边缘轮廓，得到如图 3-7 所示的效果。

（5）按下"Ctrl"键再单击"图层"调板中的"图层 2"，执行菜单"图层→合并图层"命令，或按下"Ctrl+E"组合键，将选中的两个图层合并为"图层 2"。

（6）新建图层 3，沿图层 2 图像的下边缘创建矩形选区，如图 3-8 所示，其羽化值为0。为选区填充"前景到透明"的"线性渐变"，得到如图 3-9 所示的效果。按"Ctrl+E"组合键合并图层 2 和图层 3，并命名为"图层 2"。

图 3-7　擦除边缘轮廓　　　　　　　　　　　图 3-8　矩形选区

（7）从工具箱中选择"钢笔工具" 创建路径，如图 3-10 所示，按"Ctrl+Enter"组合键将路径转换为选区（注意：选区若不是路径包括的区域，则按"Ctrl+Shift+I"组合键反选），填充前景色，效果如图 3-11 所示。

图 3-9　填充线性渐变效果　　　　　　　　　图 3-10　钢笔路径

（8）激活"路径"调板，选择"工作路径"。从工具箱中选择"直接选择工具" ，调整路径，如图 3-12 所示，将路径转换为选区。激活"图层"调板，新建图层 3，填充白色。单击"图层"调板中的"设置图层的混合模式"下拉按钮，从中选择"叠加"选项，不透明度设为 60%，效果如图 3-13 所示。

图 3-11   填充前景色效果   图 3-12   调整后的路径

（9）新建图层 4，选择"路径"调板中的"工作路径"，并将路径转换为选区，填充白色。移动图层 4 的位置，效果如图 3-14 所示。打开素材图像文件"护肤 1.jpg"，将图像文件复制到"化妆品包装设计"文件中，选择菜单"编辑→变换→旋转 90°（顺时针）"命令，并调整图片的大小和位置，如图 3-15 所示。

图 3-13   图层 3 效果   图 3-14   图层 4 效果

（10）重复第（4）步操作，用"橡皮擦工具" ![] 擦除图层 5 中多余的图像部分，效果如图 3-16 所示，此时的"图层"调板如图 3-17 所示。

图 3-15   添加护肤品后的效果   图 3-16   橡皮擦除后的效果

（11）打开素材图像文件"护肤 2.jpg"，用"钢笔工具" 沿着图像边缘创建抠图路径，转换为选区并将图像复制到"化妆品包装设计"文件中。选择菜单"图像→调整→色彩平衡"命令，对话框参数设置如图 3-18 所示。再选择菜单"图像→调整→曲线"命令，对话框参数设置如图 3-19 所示。

图 3-17 "图层"调板

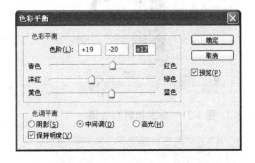

图 3-18 "色彩平衡"对话框

（12）单击图层调板中的"设置图层的混合模式"下拉按钮，从中选择"明度"选项，效果如图 3-20 所示。打开素材图像文件"香水.jpg"和"唇彩.jpg"，用"快速选择工具" 选取图像并复制到"化妆品包装设计"文件中，调整位置和大小，如图 3-21 所示。打开素材图像文件"商标.jpg"，用"魔棒工具" 选取图像并复制到"化妆品包装设计"文件中，置于左上角，并单击"设置图层的混合模式"下拉按钮，从中选择"正片叠底"选项，效果如图 3-22 所示。

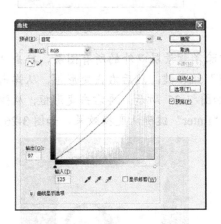

图 3-19 "曲线"对话框

图 3-20 图层 6 效果

（13）从工具箱中选择"横排文字工具" T，输入"依恋"两个字，将字体格式设为"白色，宋体，60 点，混厚"。右击"依恋"图层，从弹出的快捷菜单中选择"栅格化文字"命令，再按"Ctrl+T"组合键，然后右击变形框，从弹出的快捷菜单中选择"变形"命令，调整控制点，效果如图 3-23 所示。按"Enter"键确定变换，拖动"依恋"图层到"图层"调板下方的"创建新图层"按钮 上，得到"依恋副本"层。从工具箱中选择"移动工具"↖↗，向上拖动"依恋副本"层图像，按"Ctrl+T"组合键，然后右击变形框，从弹出的快捷菜单中选择"透视"命令，调整控制点（上窄下宽），将该图层的不透明度设为40%，效果如图 3-24 所示。

图 3-21　香水和唇彩效果

图 3-22　商标效果

图 3-23　文字变形

图 3-24　文字效果

（14）按下"Shift"键再单击图层 1，选中除了背景层以外的所有图层，单击"图层"调板下方的"链接图层"按钮 ∞，按"Ctrl+T"组合键，然后右击变形框，从弹出的快捷菜单中选择"斜切"命令，调整控制点，效果如图 3-25 所示。再右击变形框，从弹出的快捷菜单中选择"缩放"命令，调整控制点，按"Enter"键确认变换效果，如图 3-26 所示。

图 3-25　斜切效果

图 3-26　缩放效果

（15）选择"背景"层，单击"图层"调板下方的"创建新图层"按钮🔲，从工具箱中选择"多边形套索工具"⦠，创建选区。再将前景色设为#fce482，背景色设为#e99b3f，从工具箱中选择"渐变工具"为选区填充线性渐变色，效果如图 3-27 所示。按"Ctrl+D"组合键取消选区。重复刚才的操作，再创建一个图层，用多边形套索工具创建选区，并为选区填充由前景到背景的线性渐变色，效果如图 3-28 所示。按"Ctrl+D"组合键取消选区。

图 3-27　选区效果　　　　　　　　图 3-28　选区效果

（16）从工具箱中选择"直排文字工具"⊺，输入"每一天　亮一点"，将文字格式设为"白色，宋体，40 点，混厚"。单击工具箱中的"移动工具"⊹，按"Ctrl+T"组合键，再右击变形框，从弹出的快捷菜单中选择"斜切"命令，调整控制点。再右击变形框，从弹出的快捷菜单中选择"缩放"命令，调整控制点。再右击变形框，从弹出的快捷菜单中选择"旋转"命令，调整控制点，按"Enter"键确认变换效果，如图 3-1 所示。单击"图层"调板中的"设置图层的混合模式"，从中选择"叠加"选项，得到最终效果如图 3-1 所示。

（17）选择"文件→保存"命令，保存文件。

🔍 知识链接

3.1　图层的基本操作

在 Photoshop 中每一个图层相当于一张透明的胶片，利用图层可以在一个文件中修改、编辑和合成多张彩色图像，并且也可以进行合并与拆分。图层是 Photoshop 的核心技术。

1．新建图层

- 在"图层"调板中单击底部的"创建新图层"按钮🔲，系统将快速创建一个新的图层。
- 选择菜单"图层→新建→图层"命令，弹出"新建图层"对话框，可以设置图层的名称、颜色、模式及不透明度，如图 3-29 所示。

2．删除图层

- 选中要删除的图层，单击"图层"调板底部的"删除图层"按钮，或拖动图层到

图 3-29　"新建图层"对话框

"删除图层"按钮上，即可删除该图层。
- 选中要删除的图层，选择菜单"图层→删除→图层"命令，也可以删除图层。

3．复制图层

- 选中要复制的图层，选择菜单"图层→复制图层"命令，在弹出的"复制图层"对话框中可以设置图层的名称和目标位置，如图 3-30 所示。
- 拖动要复制图层的缩略图到图层调板底部的"创建新图层"按钮上，也可以复制该图层，得到该图层副本。

4．更改图层的顺序

在图层面板中将图层向上或向下拖移，当显示的突出线条出现在要放置图层或图层组的位置时松开鼠标按钮，如图 3-31 所示。

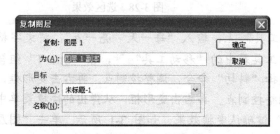

图 3-30 "复制图层"对话框

图 3-31 移动图层

5．显示/隐藏图层内容

用鼠标单击图层左侧的"指示图层可见性"按钮 👁，该按钮中显示"眼睛"图标则显示该图层中的图像，否则隐藏。

6．链接图层

按下"Ctrl"或"Shift"键，单击图层可选择多个不连续的或多个连续的图层，单击"图层调板"底部的"链接图层"按钮 🔗，在每一个选中的图层右侧都会出现一个 🔗 图标。

> 注意：只有选择多个图层后，链接图层按钮才被激活。

要取消图层链接，可选中要取消链接的一个或多个已链接的图层，再次单击"链接图层"按钮即可。

7．合并图层

- 向下合并（Ctrl+E）：将当前图层与其下面的一个图层合并。如果选中了多个图层，执行该命令则可以合并多个已选中的图层。
- 合并可见图层：用于合并所有可见的图层，而不可见的图层则被保留。

● 拼合图像：将所有的图层拼合为一个背景层，即所有图层合为一体。

3.2　图层的混合模式

在 Photoshop 中使用图层的混合模式可以创建当前图层与其下端图层的特殊效果。单击"图层"调板中的"设置图层的混合模式"选项，可以展开"图层混合模式"菜单选项。几种常用的混合模式如下。

● 正常：编辑或绘制每个像素使其成为结果色（默认模式）。
● 变暗：查看每个通道中的颜色信息，选择基色或混合色中较暗的作为结果色，其中比混合色亮的像素被替换，比混合色暗的像素保持不变。
● 正片叠底：查看每个通道中的颜色信息并将基色与混合色复合，结果色是较暗的颜色。任何颜色与黑色混合产生黑色，与白色混合保持不变。
● 滤色（屏幕）：查看每个通道的颜色信息，将混合色的互补色与基色混合。结果色总是较亮的颜色，用黑色过滤时颜色保持不变，用白色过滤将产生白色，此效果类似于多个摄影幻灯片在彼此之上投影。
● 叠加：复合或过滤颜色具体取决于基色。图案或颜色在现有像素上叠加，同时保留基色的明暗对比不替换基色，但基色与混合色相混以反映原色的亮度或暗度。

案例 9　　木制相框的制作——图层样式的应用

案例描述

通过"添加杂色"、"动感模糊"滤镜及图层中"添加图层样式"的功能，完成如图 3-32 所示效果的制作。

图 3-32　木制相框效果

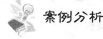
案例分析

● 利用"矩形选框"工具创建选区，并用填充工具填充颜色。

● 利用"添加杂色"和"动感模糊"滤镜制作木质效果。
● 利用"图层"调板添加图层样式。

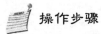 操作步骤

（1）打开如图 3-32 左图所示的素材文件"风景.jpg"，选择菜单"图像→画布大小"命令，"画布大小"对话框中各参数设置如图 3-33 所示。创建四条参考线，从工具箱中选择"矩形选框工具" ，沿着参考线创建一个矩形选区，参考线和选区位置如图 3-34 所示。

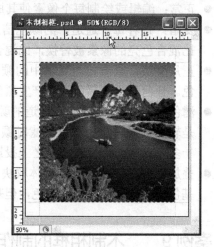

图 3-33　"画布大小"对话框　　　　　　图 3-34　参考线及矩形选区

（2）选择菜单"选择→反选"命令，或按"Ctrl+Shift+I"组合键，为风景图以外的区域建立一个选区，如图 3-35 所示。单击"图层"调板下方的"创建新图层"按钮 ，新建图层 1。设置前景色为#824f45，再选择工具箱中的"油漆桶工具" ，为选区填充前景色。按"Ctrl+D"组合键取消选区，按"Ctrl+H"组合键隐藏参考线。此时的图层调板如图 3-36 所示。

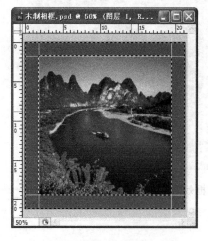

图 3-35　反选效果　　　　　　　　　图 3-36　图层调板

（3）选择菜单"滤镜→杂色→添加杂色"命令，参数设置如图 3-37 所示。选择菜单

"滤镜→模糊→动态模糊"命令，参数设置如图 3-38 所示，得到的效果如图 3-39 所示。

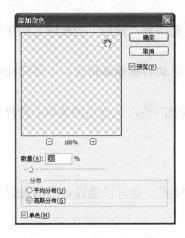
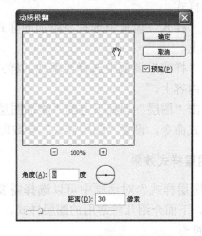

图 3-37　"添加杂色"对话框　　　　　　图 3-38　"动感模糊"对话框

（4）单击"图层"调板下方的"添加图层样式"按钮 fx.，从弹出的菜单中选择"斜面和浮雕"命令，设置"图层样式"参数，如图 3-40 所示，完成如图 3-32 右图所示的效果。

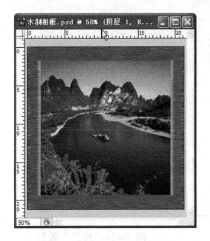
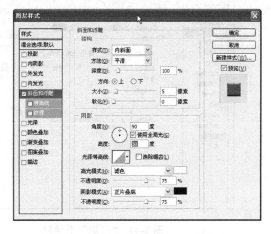

图 3-39　添加滤镜后的效果　　　　　　图 3-40　"图层样式"对话框

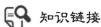 知识链接

3.3　图层样式

在使用图层时，Photoshop 为图层提供了各种各样的效果，如阴影、发光、浮雕和描边等。通过对图层应用这些效果，可以迅速改变图层内容的外观。给图层应用的样式效果与该图层内容自动链接，当移动或编辑图层内容时，图层效果也相应地进行修改。

1. 添加图层样式

为图层添加图层样式，可参照下面的任意一种操作进行。

- 在"图层"调板中选择要添加图层样式的图层，然后在"样式"调板中单击要添加的样式。
- 在"样式"调板中选择要添加的样式，将其拖动到"图层"调板中要添加样式的图层上。
- 在"样式"调板中选择要添加的样式，将其拖动到图像编辑窗口中要添加样式的图层内容上。
- 单击"图层"调板下方的"添加图层样式"按钮 *fx.*，从弹出的菜单中选择要添加的样式命令，设置"图层样式"参数即可。

2．图层样式效果

在"图层样式"对话框中可以选择需要的图层样式，也可以通过参数的设置来控制图层的效果。下面介绍几种常用的图层样式。

（1）投影

为图层的内容添加阴影效果。选中"图层样式"对话框中的"投影"选项，打开"投影"设置对话框，如图 3-41 所示，图像的投影效果如图 3-42 所示。

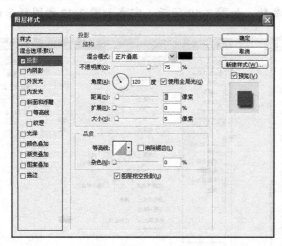

图 3-41 "投影"对话框   图 3-42 "投影"效果

- "混合模式"：选择阴影部分与其他图层的混合模式，右侧的"拾色器"用来设置阴影的颜色。
- "不透明度"：设置阴影部分的不透明程度。
- "角度"：改变全局光/局部光造成投影的光线的方向。若勾选"使用全局光"，可以设置阴影部分采用全局光进行投射。
- "距离"：设置阴影偏离图像的距离。数值越大，投影离图像越远。
- "扩展"：设置阴影的强度。100%为实边阴影，默认值为 0%。
- "大小"：设置阴影区域的大小。
- "等高线"：创造给定范围内的特殊轮廓外观。线型越复杂，效果越特殊。
- "消除锯齿"复选框：柔化所使用等高线的锯齿，从而表现不同的平滑程度。
- "杂色"：使阴影部分产生斑点效果，数值越大，斑点越明显。

● "图层挖空投影"：在默认情况下该项是被选择的，此时的投影图像实际上是不完整的，它相当于在投影图像中剪去了投影对象的形状，所看到的只是对象周围的阴影。

（2）内阴影

为图层图像内部添加阴影，产生如同透过剪纸进行观看的视觉效果。对话框如图 3-43 所示，图像的内阴影效果如图 3-44 所示。

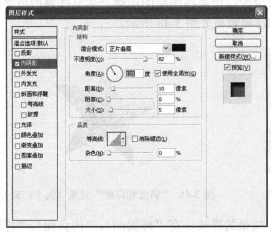
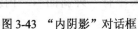

　　图 3-43　"内阴影"对话框　　　　　　　图 3-44　"阴影"效果

"阻塞"选项：与"投影"选项中的"扩展"选项相似，用于设置"内阴影"的强度。

（3）外发光

为图层图像外边缘添加光环效果，也可以将图层对象从背景中分离出来。对话框如图 3-45 所示，图像的外发光效果如图 3-46 所示。

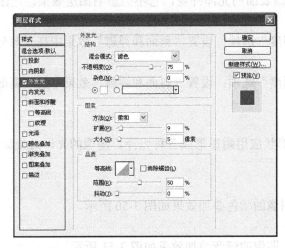

　　图 3-45　"外发光"对话框　　　　　　　图 3-46　"外发光"效果

● "纯色"单选按钮：选中该单选按钮，单击右侧的颜色块，可以设置纯色发光。
● "渐变色"单选按钮：选中该单选按钮，单击该选项右侧的下拉按钮，可以设置渐变色发光。

● "方法"：设置光线边缘的效果。

● "范围"：设置等高线出现的范围。

● "抖动"选项：设置"外发光"的显示方式，其数值增大，将产生杂点效果。

（4）内发光

在图层图像的内边缘添加发光效果。图像的内发光效果如图 3-47 所示。

（5）斜面和浮雕

通过在图层的边缘添加高光和暗调带，使得在图层的边缘产生立体斜面或浮雕效果。对话框如图 3-40 所示，图像的斜面和浮雕效果如图 3-48 所示。

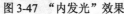

图 3-47 "内发光"效果　　　　图 3-48 "斜面和浮雕"效果（大小：30）

● "样式"：选择"斜面和浮雕"效果的样式，有"外斜面"、"内斜面"、"浮雕"、"枕状浮雕"和"描边浮雕" 5 种类型。

● "方法"：选择"斜面和浮雕"效果的边缘风格。

● "深度"：设置"斜面和浮雕"效果的凸起/凹陷的程度。

● "大小"：设置斜面的大小。

● "软化"：设置斜面的柔化程度。

● "光泽等高线"：创建类似金属表面的光泽外观，它不但影响图层效果，连图层内容本身也被影响。

● "高光模式"选项和"不透明度"选项：设置"斜面和浮雕"效果中高光部分的混合模式、颜色和不透明度。

● "阴影模式"选项和"不透明度"选项：设置"斜面和浮雕"效果中的暗调部分的混合模式、颜色和不透明度。

（6）光泽

用来在图层内容上根据图层的形状应用阴影形成各种光泽。图像的光泽效果如图 3-49 所示。

（7）颜色叠加

将颜色添加到图层的图像上。图像的颜色叠加效果如图 3-50 所示。

（8）渐变叠加

将渐变色添加到图层的图像上。图像的渐变叠加效果如图 3-51 所示。

（9）图案叠加

将图案添加到图层的图像上。对话框如图 3-52 所示，图像的图案叠加效果如图 3-53 所示。

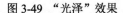

图 3-49　"光泽"效果　　　　图 3-50　"颜色叠加"效果　　　图 3-51　"渐变叠加"效果

图 3-52　"图案叠加"对话框　　　　　　　　图 3-53　"图案叠加"效果

● "图案"：选择和设置图案的样式。
● "粘紧原点"：可以使图案的"斜面和浮雕"效果从图像的原点开始。
● "缩放"：控制图案的缩放比例。

（10）描边

为图层中的图像添加边缘轮廓。对话框如图 3-54 所示，图像的描边效果如图 3-55 所示。

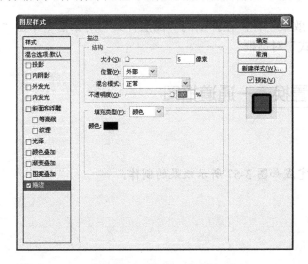

图 3-54　"描边"对话框　　　　　　　　　　图 3-55　"描边"效果

- "位置"：选择描边的位置，有"外部"、"内部"和"居中"3种。
- "填充类型"：选择描边的类型，有"颜色"、"渐变"和"图案"3种。

3．图层效果的优点

- 图层效果与图层紧密相连。移动或转换图层时，效果始终保持。
- 效果是暂时的。只要以.psd、.tiff、.pdf 文件格式保存图像，就可以编辑阴影、发光、斜面和浮雕等效果。
- 图层效果既可以应用于标准图层和形状图层，又可以用于可编辑的文本。
- 可利用等高线选项创建丰富的图层效果。
- 可以在单个图层上综合应用多种效果。
- 可以从一个图层复制效果到另外一个图层。
- 可以在"样式"调板中保存效果，供以后使用。
- 描边作为矢量打印输出，非常平滑。

4．图层样式的管理

图层样式的管理与图层的基本操作相同，包括创建图层样式、隐藏/显示图层样式、删除图层样式及复制图层样式操作。在创建图层样式、隐藏/显示图层样式和删除图层样式时，需要注意区分操作的对象是某种样式，还是图层的整体效果。图层样式的创建方法如下。

（1）要创建图层中的样式效果，首先选中该图层（注意：隐藏不必要的样式效果），单击"样式"调板下方的"创建新样式"按钮或单击"样式"调板的空白处，会弹出"新建样式"对话框，如图3-56所示。输入名称，单击"确定"按钮。

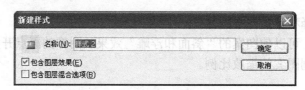

图 3-56　"新建样式"对话框

（2）在"图层"调板中双击"效果"行，在弹出的"图层样式"对话框中单击"新建样式"按钮，同样会弹出"新建样式"对话框。

案例 10　　照片背景的置换——通道抠图

 案例描述

利用通道从素材中抠取图像，完成如图 3-57 所示效果的制作。

 案例分析

- 利用通道抠取图像。
- 在两个文件之间复制图层图像。

图 3-57 照片背景的转换效果

操作步骤

（1）打开素材图像文件"美女 2.jpg"，激活"通道"调板，选择不同的通道观察图像，如图 3-58 所示。

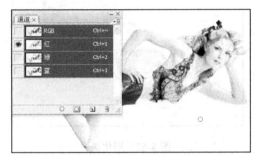

图 3-58 不同的通道图像对比

（2）"蓝"色通道的图像背景与人物对比比较明显，所以拖动"蓝"色通道到"通道"调板下方的"创建新通道"按钮　上（与复制图层操作方法相同）复制蓝色通道，此时"通道调板"如图 3-59 所示。

（3）选择"蓝副本"通道，选择菜单"图像→调整→曲线"命令，参数设置如图 3-60 所示，此时通道中的人物图像全部变黑，效果如图 3-61 所示（若通道中的人物图像局部没有变黑，可以从工具箱中选择"画笔"工具将其涂黑）。

（4）按下"Ctrl"键的同时，用鼠标单击蓝副本通道，就会载入选区（注意：这里载入的是没有涂黑的白色部分）。单击"通道"调板中的"RGB"复合通道，再激活"图层"调板，选择图片图层即背景层，然后选择菜单"选择→反向"命令，选中人物部分。选择菜单"选择→修改→羽化"命令，羽化半径为 1 像素，选区效果如图 3-62 所示。

图 3-59 "通道"调板

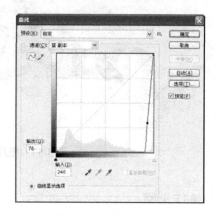

图 3-60 "曲线"对话框

图 3-61 调整曲线后的通道图像

图 3-62 羽化选区

（5）按"Ctrl+J"组合键复制选区图像，得到图层 1，隐藏背景层效果如图 3-63 所示。

图 3-63 隐藏背景层

（6）打开素材图像文件"沙滩.jpg"，激活"美女 2.jpg"文件，右击图层 1，从弹出的快捷菜单中选择"复制图层"命令，在"复制图层"对话框中将目标文档设为"沙滩.jpg"，单击"确定"按钮。调整人物图像的大小和位置，得到如图 3-57 右图所示的最终效果。

（7）选择菜单"文件→存储为"命令，以"沙滩美女.psd"为文件名保存。

案例 11　　胶片效果的制作——通道应用

　案例描述

利用"网格"的设置、显示和通道完成如图 3-64 所示效果的制作。

图 3-64　胶片效果

案例分析

● 利用"网格"的设置和显示，在通道中创建多个规则的选区并填充白色。
● 利用通道调板将通道作为选区载入，实现胶片的效果。

操作步骤

（1）选择菜单"文件→新建"命令，对话框中各参数的设置如图 3-65 所示。单击"图层"调板下方的"创建新图层"按钮，新建图层 1 然后填充黑色。

（2）选择菜单"编辑→首选项→参考线、网格、切片和计数"命令，对话框中各参数的设置如图 3-66 所示。

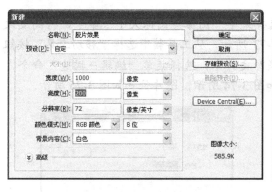

图 3-65　"新建"对话框

图 3-66　"首选项"网格设置

（3）激活"通道"调板，单击"通道"调板下方的"创建新通道"按钮，然后选择菜单"视图→显示→网格"命令，按"Ctrl++"组合键将图像放大显示。从工具箱中选择"矩形选框工具"，在该通道中绘制一个矩形选区，将前景色设为白色，按"Alt+Delete"组合键将选区填充白色，效果如图 3-67 所示。

（4）用键盘上的方向键将选区向右移动两个网格的位置，再使用白色进行填充，重复操作得到的效果如图 3-68 所示。

（5）单击"通道"调板下方的"将通道作为选区载入"按钮，然后激活"图层"调板，选择"图层 1"，此时得到的选区如图 3-69 所示。

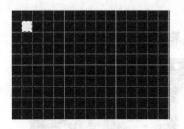

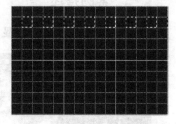

图 3-67　填充白色的矩形选区　　　图 3-68　重复后的效果　　　图 3-69　将通道作为选区载入

（6）按键盘上的"Delete"键删除选区内的图像，得到的效果如图 3-70 所示。

（7）将选区向下平移，位置如图 3-71 所示，再重复第（6）步删除图像，按"Ctrl+D"组合键取消选区，得到的效果如图 3-72 所示。选择菜单"视图→显示→网格"命令，隐藏网格。

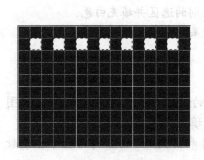
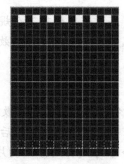
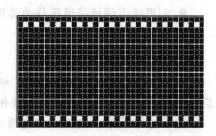

图 3-70　删除选区中的图像　　　图 3-71　向下平移选区　　　图 3-72　删除选区中的图像后的效果

（8）打开素材图像文件"Movie1.jpg"，选择菜单"图像→图像大小"命令，将高度设为 150 像素，对话框中的其他参数设置如图 3-73 所示。从工具箱中选择"移动工具"按钮，将调整后的"Movie1"复制到"胶片效果"文件中，选择菜单"编辑→描边"命令，对话框中各参数设置（描边颜色为#585858）如图 3-74 所示，图片位置如图 3-75 所示。

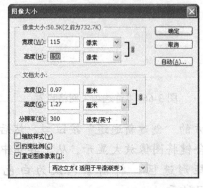

图 3-73　"图像大小"对话框　　　　　图 3-74　"描边"对话框

图 3-75　Movie1 的位置

（9）重复第（8）步操作，复制"Movie2"～"Movie7"图像文件，Movie7 即图层 8 的位置，如图 3-76 所示。在"图层"调板中选择图层 2，按下"Shift"键单击图层 8，单击"图层"调板下方的"链接图层"按钮 ，再单击选项栏中的"水平居中分布"按钮 。按下"Shift"键单击"图层"调板中的图层 1，单击选项栏中的"垂直居中对齐"按钮 ，最终得到如图 3-64 所示的胶片效果。

图 3-76　图片位置

（10）选择菜单"文件→保存"命令，保存文件。

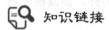　知识链接

3.4　通道

通道可以存储选区和载入选区备用，看到图像的颜色信息，并且可以通过调整颜色信息来达到所需要的理想颜色值。

1. 通道类型

通道作为图像的组成部分，是与图像的格式密不可分的，图像颜色、格式的不同决定了通道的数量和模式。在 Photoshop 中，通道涉及 3 个模式（RGB 模式、CMYK 模式和 Lab 模式），不同模式的图像，其通道的数量是不一样的。对于一个 RGB 图像，有 RGB、R、G、B 4 个通道；对于一个 CMYK 图像，有 CMYK、C、M、Y、K 5 个通道；对于一个 Lab 模式的图像，有 Lab、L、a、b 4 个通道，在通道面板中可以直观地看到。通道主要有 5 种类型。

（1）复合通道

复合通道不包含任何信息，实际上它只是同时预览并编辑所有颜色通道的一个快捷方式。它通常在单独编辑完一个或多个颜色通道后，使通道面板返回到它的默认状态。对于 RGB 模式而言，其复合通道是 RGB 通道；对于 CMYK 模式而言，其复合通道是 CMYK 通道；对于 Lab 模式而言，其复合通道是 Lab 通道。

（2）颜色通道

在 Photoshop 中编辑图像时，实际上就是在编辑颜色通道。这些通道把图像分解成一个或多个色彩成分，图像的模式决定了颜色通道的数量，RGB 模式的图像有 R、G、B 3 个颜色通道；CMYK 的图像模式有 C、M、Y、K 4 个颜色通道；Lab 模式的图像有 L、a、b 3

个颜色通道；灰度图像只有一个通道，它们包含了所有将被打印或显示的颜色。

（3）专色通道

专色通道是一种特殊的颜色通道，它可以使用除了青色、洋红、黄色、黑色以外的颜色来绘制图像。专色通道一般用得较少且多与打印相关。

（4）Alpha 通道

Alpha 指的是特别的通道，它最基本的用处在于保存选取范围，并不会影响图像的显示和印刷效果。Alpha 通道其实是一个灰度图像，其黑色部分为透明区域，白色部分为不透明区域，因此，常用 Alpha 通道在 Photoshop 中制作各种特殊效果。

除了 Photoshop 的文件格式 PSD 外，GIF 与 TIFF 格式的文件都可以保存 Alpha 通道，而 GIF 文件还可以用 Alpha 通道进行图像的去背景处理。因此，可以利用 GIF 文件的这一特性制作任意形状的图形。

（5）单色通道

单色通道是用来存储一种颜色信息的通道，一些高级的调色操作都是在单色通道中进行的。这种通道的产生比较特别，也可以说是非正常的。如果在通道面板中随便删除其中一个通道，就会发现所有的通道都变成"黑白"的，原有的彩色通道即使不删除也变成灰度的了。

2. 使用"通道"调板

Photoshop 中提供的"通道"调板主要用来创建、编辑和管理通道。另外，该调板还可以用来监视编辑图像的效果。"通道"调板如图 3-59 所示。

- "将通道作为选区载入" ⬡：将通道中的选择区域或颜色较淡的区域作为选区加载到图像中。
- "将选区存储为通道" ▣：可以将当前的选择区域存储为通道。只有当前通道中有选择区域时，此按钮才被激活。

（1）将颜色通道显示为彩色

在默认状态下，"通道"调板中的单个颜色通道均显示为灰度。用户可以通过设置选项，将颜色通道显示为彩色。选择菜单"编辑→首选项→界面"命令，勾选其中的"用彩色显示通道"复选框，如图 3-77 所示。

图 3-77　"首选项"对话框

（2）分离通道

使用"分离通道"命令可以将拼合图像的多个通道分离为单独的图像。该方法可在不能保留通道的文件格式中保留单个通道信息。

单击"通道"调板右上角的 ▼≡，从下拉菜单中选择"分离通道"命令即可将通道分离，分离后的效果如图 3-78 所示。

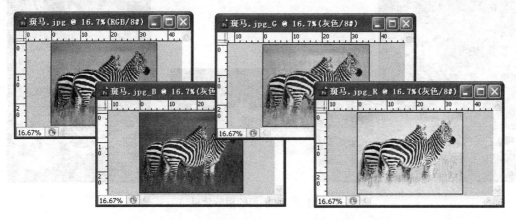

图 3-78　RGB 图像和通道分离后的效果

（3）合并通道

合并通道与分离通道的功能正好相反，使用"合并通道"命令可以将多个灰度图像合并成一个图像。合并多个灰度图像的具体操作如下。

● 全部打开要合并通道的灰度图像。

● 单击"通道"调板右上角的 ▼≡，从下拉菜单中选择"合并通道"命令，弹出"合并通道"对话框，如图 3-79 所示。单击"确定"按钮，弹出"合并 RGB 通道"对话框，如图 3-80 所示。

图 3-79　"合并通道"对话框　　　　图 3-80　"合并 RGB 模式"对话框

（4）"创建通道"、"复制通道"、"删除通道"的操作与"图层"的操作一致。

案例 12　　拼贴红酒图——蒙版的应用

　案例描述

用"快速蒙版"抠取图像，用"图层蒙版"融合图层之间的图像功能，完成如图 3-81 所示效果的制作。

　案例分析

● 利用"魔棒工具" ✎ 选取图像的轮廓。

图 3-81　　　红酒图的拼贴效果

● 利用"快速蒙版"和"画笔工具" ✐完成轮廓细节的调整。
● 利用"图层蒙版"功能完成图层之间图像的融合。
● 利用"直排文字蒙版工具" 📷 为图片添加文字。
● 利用"图层样式"功能为文字图层添加"阴影"效果。

📝 操作步骤

（1）打开素材图像文件"红酒 1.jpg"，选择菜单"文件→存储为"命令，在"存储为"对话框中输入名称"红酒图.psd"，单击"保存"按钮。

（2）打开素材图像文件"红酒 2.jpg"，从工具箱中选择"魔棒工具" ✎，在酒杯外的区域单击，再选择菜单"选择→反向"命令，按"Ctrl+C"组合键复制选区图像，激活"红酒图"文件，按"Ctrl+V"组合键粘贴。自由变换图像的大小和角度，效果如图 3-82 所示。单击"图层"调板下方的"添加图层蒙版"按钮 ⬛，从工具箱中选择"渐变工具" ⬛，将前景色设为黑色，背景色为白色，填充由前景到背景的线性渐变，渐变填充方向如图 3-83所示。此时的图层调板如图 3-84 所示，得到的线性渐变效果如图 3-85 所示。

图 3-82　红酒 2 的位置　　　　　　　　　图 3-83　填充渐变

图3-84　"图层"调板

图3-85　线性渐变效果

（3）打开素材图像文件"庄园.jpg"，利用移动工具将其复制到红酒图文件中，自由变换图像的角度并调整图像的位置，如图 3-86 所示。单击"图层"调板下方的"添加图层蒙版"按钮，从工具箱中选择"渐变工具"，单击工具箱中的"切换前景色和背景色（X）"按钮，再从渐变工具选项栏中选择"径向渐变"，将鼠标光标置于图像中心向外拖动，填充径向渐变效果，如图 3-87 所示，此时的图层调板如图 3-88 所示。

图3-86　庄园的位置

图3-87　径向渐变效果

图3-88　"图层"调板

（4）打开素材图像文件"冰.jpg"，从工具箱中选择"魔棒工具"，在冰的轮廓区域以外单击，选择菜单"选择→反向"命令。单击工具箱下方的"以快速蒙版模式编辑"按钮，图层中的图像如图 3-89 所示。将前景色设为黑色，从工具箱中选择"画笔工具"，不透明度和流量均设为 50%，在冰块上的黑色区域涂抹，效果如图 3-90 所示。再单击工具箱中的"以标准模式编辑"按钮，按"Ctrl+C"组合键复制选区图像，激活"红酒图"文件，按"Ctrl+V"组合键粘贴。自由变换图像的大小，如图 3-91 所示。

（5）将冰所在的图层 3 的不透明度设为 60%，用矩形选框工具和椭圆选框工具创建选区，效果如图 3-92 所示。按"Ctrl+Shift+I"组合键进行反选，再按"Delete"键删除，并将该图层的不透明度改为 100%。

图 3-89　修改前的蒙版状态　　　　　图 3-90　修改后的蒙版状态

图 3-91　冰的位置　　　　　　　图 3-92　选区效果

（6）单击"图层"调板下方的"添加图层蒙版"按钮 ，将前景色设为白色，背景色设为黑色，按"Ctrl+Delete"组合键。再从工具箱中选择"画笔工具" ，在其选项栏中将"不透明度"和"流量"都设为 50%，在酒中冰的部位涂抹，得到的效果如图 3-93 所示。此时的图层调板如图 3-94 所示。

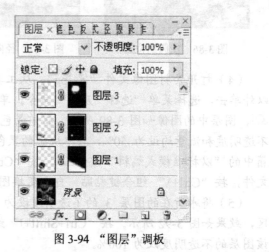

图 3-93　蒙版效果　　　　　　　图 3-94　"图层"调板

（7）从工具箱中选择"直排文字蒙版工具" ⬚，输入"品味"两字，字体大小为 50 点，单击其选项栏中的"创建文字变形"按钮⬚，对话框参数设置如图 3-95 所示，激活"图层"调板，单击其下方的"创建新图层"按钮⬚，将前景色设为#efe49b，背景色设为 #f6ca60，从工具箱中选择"渐变工具" ⬚，从左下角到右上角填充线性渐变，得到的文字效果如图 3-96 所示。

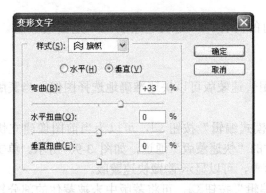

图 3-95　"变形文字"对话框　　　　　　　　　　　图 3-96　文字变形效果

（8）单击"图层"调板下方的"添加图层样式"按钮⬚，从弹出的下拉菜单中选择"外发光"命令，对话框参数设置如图 3-97 所示，单击"确定"按钮后得到如图 3-81 右图所示的最终效果图。

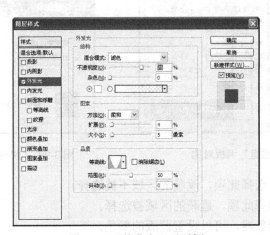

图 3-97　"外发光"对话框

🔍 知识链接

3.5　蒙版

Photoshop 蒙版是将不同的灰度色值转化为不同的透明度，并作用到它所在的图层，使图层不同部位的透明度产生相应的变化。黑色为完全透明，白色为完全不透明。

Photoshop 蒙版的优点如下。

● 方便修改，不会因为使用橡皮擦或剪切删除而造成遗憾。
● 可运用不同滤镜，以产生一些意想不到的特效。
● 任何一张灰度图都可用来作为蒙版。

Photoshop 蒙版的主要作用如下。

● 抠图。
● 做图的边缘淡化效果。
● 图层间的融合。

蒙版有多种类型，本节介绍最常用的两种：一是快速蒙版；二是图层蒙版。

1. 快速蒙版

快速蒙版是一个临时性的蒙版，运用快速蒙版可以快速准确地选择图像，当蒙版区域转换为选择区域后，蒙版会自动消失。

（1）单击工具箱中的"以快速蒙版模式编辑"按钮，可以为当前图像建立快速蒙版，此时"通道"调板中会出现一个临时的"快速蒙版"通道，如图 3-98 所示。单击"通道"调板中"快速蒙版"左侧的眼睛图标，可以显示/隐藏快速蒙版。

（2）单击工具箱中的"以标准模式编辑"按钮，可将蒙版中未被蒙住的部分转换为选区，同时"通道"调板中的"快速蒙版"通道消失。

（3）单击"通道"调板右上角的按钮，在弹出的下拉菜单中选择"快速蒙版选项"命令，弹出对话框，参数设置如图 3-99 所示。

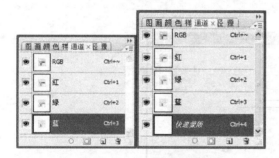

图 3-98 "通道"调板对比

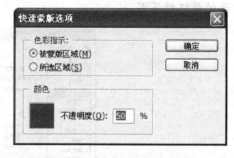

图 3-99 "快速蒙版选项"对话框

● "被蒙版区域"：选择此项，遮蔽的区域不被选择。
● "所选区域"：选择此项，遮蔽的区域被选择。
● "颜色"：单击拾色器，可以设置蒙版的颜色。

（4）运用绘图工具或填充工具可以编辑快速蒙版。当用白色涂抹时，红色的蒙版区域变透明，表示减少蒙版区域；当用黑色涂抹时，涂抹区域呈红色，表示增加蒙版区域，如图 3-100 所示。

2. 图层蒙版

图层蒙版可以控制当前图层中的不同区域如何被隐藏或显示。通过修改图层蒙版，可以制作各种特殊效果，且不会影响该图层上的像素。

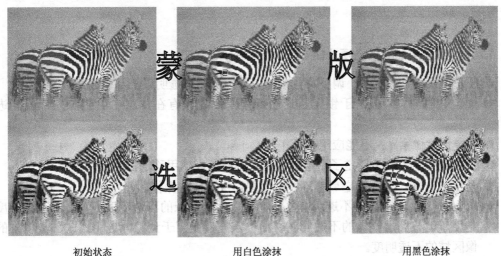

初始状态　　　　　　　　用白色涂抹　　　　　　　　用黑色涂抹

图 3-100　蒙版及对应选区的对比

图层蒙版只以灰度显示，其中白色部分对应的该层图像内容完全显示，黑色部分对应的该层图像完全隐藏，中间灰度对应的该层图像内容产生相应的透明效果，透明度可通过"图层蒙版显示选项"来控制，即双击"图层蒙版缩览图"按钮 ，弹出"图层蒙版显示选项"对话框，如图 3-101 所示。另外，图像的背景层是不可以加入图层蒙版的。

（1）创建图层蒙版

选择要添加蒙版的图层，单击"图层"调板下方的"添加图层蒙版"按钮 ，在选中的图层上创建一个白色的蒙版图层。若添加蒙版的图层中有选区，单击 按钮，则在图层上创建一个黑白两种颜色的蒙版图层。选区外的区域为蒙版（即呈黑色），选区内的区域是非蒙版区（即呈白色）。

（2）蒙版的基本操作

● 显示/隐藏图层蒙版：激活"通道"调板，单击"图层蒙版"左侧的 按钮。

● 停用/启用图层蒙版：在"图层"调板中右击"图层蒙版缩览图" ，在弹出的快捷菜单中选择"停用图层蒙版"命令，即可禁用蒙版，此时蒙版缩览图按钮变为 ；若要恢复图层蒙版的使用，则右击选择"启用图层蒙版"命令即可。

● 删除图层蒙版：单击"图层"调板下方的"删除图层"按钮 ，弹出对话框，如图 3-102 所示。应用：将蒙版效果应用到该图层。删除：将蒙版删除，不改变图层中的原图像。

● 由蒙版创建选区：右击"图层蒙版缩览图"，从弹出的快捷菜单中选择"添加图层蒙版到选区"命令；或按下"Ctrl"键，再单击"图层蒙版缩览图"按钮。

图 3-101　"图层蒙版显示选项"对话框

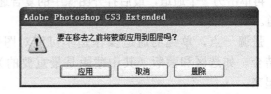

图 3-102　删除图层警告对话框

知识拓展

1. 图层调板中的其他选项功能

- 不透明度 不透明度: 100% ▶ : 调整除背景层以外图层的不透明度，数值越小越透明。
- 锁定透明像素 □ ：由于锁定了透明像素，因此只有在图层中的图像内部才能进行操作。
- 锁定图像像素 ⚋ ：不能应用画笔工具。
- 锁定位置 ✛ ：由于锁定了图层的位置，因此不能使用移动工具移动图像。
- 全部锁定 🔒 ：全部锁定后就不能对该图层进行任何操作。
- 填充 填充: 100% ▶ ：与"不透明度"一样可以调整图像的不透明度，但是"不透明度"是用于调整图层整体的不透明度，而"填充"是用于调整除应用样式部分以外的图像区域的不透明度。

2. 通道的编辑

对图像的编辑实质上不过是对通道（大部分情况下是特指 Alpha 通道）的编辑。因为通道是真正记录图像信息的地方，无论色彩的改变、选区的增减、渐变的产生，都可以追溯到通道中去。鉴于通道的特殊性，与其他很多工具有着千丝万缕的联系，下面简单介绍几种通道的操作工具。

（1）选择工具

Photoshop 中的选择工具包括选区工具组、魔术棒、字体蒙版及由路径转换来的选区等，其中包括不同羽化值的设置。利用这些工具在通道中进行编辑与对一个图像的操作是相同的。

（2）绘图工具

利用绘图工具编辑通道的一个优势在于可以精确地控制笔触，从而可以得到更为柔和且足够复杂的边缘。绘图工具包括喷枪、画笔、铅笔、图章、橡皮擦、渐变、油漆桶、模糊锐化和涂抹、加深减淡及海绵，其中渐变工具相对于通道是特别有用的，针对于通道而言，它可以带来平滑细腻的渐变，使图像能完美地融合。

（3）利用滤镜

在通道中进行滤镜操作，通常是因为刻意追求一种出乎意料的效果或者只是为了控制边缘，从而建立更适合的选区。

（4）利用调节工具

调节工具包括色阶和曲线。在用这些工具调整图像时，会看到对话框中有一个"通道"选项，从中可以选择所要编辑的颜色通道。当选中希望调整的通道时，按住"Shift"键，再单击另一个通道，最后打开图像中的复合通道，就可以强制这些工具同时作用于一个通道。

强调一点，单纯的通道操作是不可能对图像本身产生任何效果的，必须同其他工具结合，如选区和蒙版（其中蒙版是最重要的），所以在理解通道时最好与这些工具联系起来。

思考与实训

一、填空题

1. 单击图层调板中的_____按钮，可以锁定该图层，并且不能对该图层进行任何操作；单击_____按钮，不能对该图层中的图像以外的区域进行操作；单击图层调板中的 *fx.* 按钮，其功能是_____。

2. 图层菜单中有 3 种图层的合并方式，分别是_____、_____和_____。

3. 图层调板中 ∞ 按钮的功能是_____，在单击该按钮前必须先选中多个图层，其中按下_____键再单击图层可以选中连续多个图层；按下_____键再单击图层可以选择多个不连续的图层。

4. 将当前图层与其下方的一个图层合并的组合键是_____。

5. 通道主要有_____、_____、_____、_____和 Alpha 通道 5 种类型。Alpha 通道其实是一个灰度图像，其黑色部分为_____区域，白色部分为_____区域。

6. 在 Photoshop 中除了 PSD 文件格式外，_____与_____格式的文件都可以保存 Alpha 通道。

7. RGB 图像有_____个通道，其中包括_____个颜色通道。

8. 在默认状态下，通道调板中的单个颜色通道均显示为_____色。用户可以通过设置选项来更改颜色，即选择编辑菜单_____命令。

9. 最常用的蒙版有_____和_____两种类型。

10. 在 Photoshop 中，运用绘图工具或填充工具可以编辑快速蒙版。在默认的情况下，用黑色涂抹时，涂抹区域呈红色，表示_____蒙版区域；用白色涂抹时，红色的蒙版区域变_____。

二、上机实训

1. 利用图层调板功能设置图层的混合模式，为图层添加图层样式，制作按钮，效果如图 3-103 所示。

2. 打开素材图像文件"背景.jpg"，利用文字工具输入文字，为文字图层添加样式，制作透明浮雕字，效果如图 3-104 所示。

图 3-103 "按钮"效果　　　　　　　　图 3-104 "透明浮雕"效果

3. 打开素材图像文件"logo.jpg"、"大厦.jpg"、"天坛.jpg"和"西客站.jpg"，利用图层蒙版功能制作"北京旅游"宣传广告，效果如图 3-105 所示。

4. 打开背景素材文件"flower.jpg"，利用通道抠取"宝贝.jpg"中的人物，利用蒙版功能实现人物与背景的自然融合，为图层添加图层样式，制作"花中宝贝"，效果如图 3-106 所示。

图 3-105 "北京旅游"效果   图 3-106 "花中宝贝"效果

图 4-?，在将图层样式大自然，单击确认按钮，在"物体显示工具"上放按钮，如图 4-6
所示。

第4章 滤镜及其特效

案例 13 走进大自然——抽出滤镜

案例描述

利用"抽出"滤镜抠取人物图像，结合蒙版的功能完成如图 4-1 所示效果的制作。

图 4-1 走进大自然效果图

案例分析

● 利用"抽出"滤镜进行抠图。
● 利用"蒙版"控制图像的显示区域。
● 利用图像模式、通道及图层混合模式控制图像的效果。

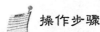
操作步骤

（1）打开"素材"图像文件"背景 1.jpg"和"女孩.jpg"，利用移动工具 将"女孩"图像复制到"背景"文件中，位置如图 4-2 所示。按两次"Ctrl+J"组合键，复制图层 1，此时的图层调板如图 4-3 所示。

（2）选择图层 1，选择菜单"滤镜→抽出"命令，对话框参数设置如图 4-4 所示。选择"边缘高光器工具" ，将画笔大小设为 5，按下鼠标左键沿女孩轮廓边缘拖动，得到绿色的女孩轮廓。再将画笔大小调至 15 左右，将女孩的身体全部涂绿，如图 4-4 所示。单击"确定"按钮，图层调板中的图层 1 效果如图 4-5 所示，隐藏"图层 1 副本"和"图层 1 副本 2”，并将图层放大显示，显示比例为 400%，用“橡皮擦工具” ✐ 擦除杂边，如图 4-6 所示。

图 4-2　女孩位置　　　　　　　　　　　　图 4-3　“图层”调板

图 4-4　“抽出”对话框

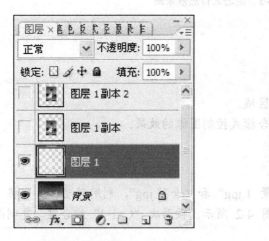

图 4-5　抽出图像后的图层　　　　　　　　　图 4-6　擦除杂边

　　（3）选择并显示图层 1 副本层，选择菜单“滤镜→抽出”命令，对话框参数设置如图 4-7 所示，用“边缘高光器工具” ✐ 将女孩全部涂绿。同样放大显示并用“橡皮擦工具” ✐ 擦除杂边。

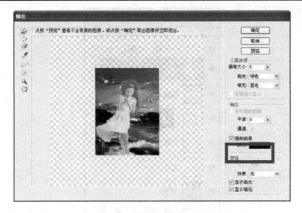

图 4-7　"抽出"对话框

（4）选择并显示"图层 1 副本 2"层，单击"添加图层蒙版"按钮 □，填充黑色。将前景色设为白色，从工具箱中选择"画笔工具" ✎，将人物图像涂亮（多余的部分可用黑色画笔涂黑），图层蒙版效果如图 4-8 所示。按"Ctrl+Shift+Alt+E"组合键，得到拼合的图层 2，此时的图层调板如图 4-9 所示。

图 4-8　图层蒙版

图 4-9　拼合的图层 2

（5）选择菜单"图像→模式→Lab 颜色"命令，弹出警告对话框，如图 4-10 所示，单击"不拼合"按钮。单击"通道"调板，选择"明度"，如图 4-11 所示。按"Ctrl+A"组合键全选，再按"Ctrl+C"组合键复制，单击"通道"调板中的 Lab，再单击图层调板，按"Ctrl+V"组合键粘贴，图层调板如图 4-12 所示。

图 4-10　警告对话框

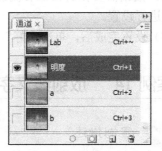

图 4-11　"通道"调板

图 4-12 "图层"调板

（6）单击图层调板中的"设置图层的混合模式"按钮，从中选择"明度"。选择菜单"图像→模式→RGB 颜色"命令，单击警告框中的"不拼合"按钮，得到如图 4-1 所示的最终效果。

（7）选择"文件→存储为"命令，以"走进大自然.psd"为文件名保存。

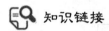 知识链接

4.1   抽出滤镜

"抽出"滤镜可以将一个图像从原图像中分隔出来，分隔的边缘可被处理得十分光滑，而未被抽出的图像将变成透明。

使用"抽出"滤镜编辑图像的具体操作步骤如下。

（1）打开要编辑的图像。

（2）执行"滤镜→抽出"命令，弹出"抽出"对话框，如图 4-4 所示。

（3）使用"边缘高光器工具" 🖊 在图像中勾画出抽出图像的大概边缘，并且加上亮边。还可使用"橡皮擦工具" 🖊 对勾画的图像边缘进行修改。

（4）使用"填充工具" 🖐 在要抽出的图像区域内填充相同的颜色。

（5）使用"清除工具" 🖌 或"边缘修饰工具" 🖌 对预览的抽出图像进行编辑修改。在调整要抽出的图像区域时，可使用"缩放"和"抓手"工具放大图像，对图像的局部进行观察和编辑。

（6）根据需要在对话框右侧的各个选项组中，对画笔大小、高光颜色、填充颜色及抽出选项进行设置。

（7）设置完成后，单击"好"按钮，确认其滤镜效果，以显示图像的抽出部分。

案例 14   放射线文字的制作——极坐标滤镜的使用

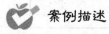 案例描述

利用极坐标滤镜、风滤镜及径向模糊滤镜，完成如图 4-13 所示效果的制作。

图 4-13　文字放射线效果

案例分析

● 利用图层调板添加图层样式。
● 利用极坐标滤镜指定坐标。
● 利用风滤镜制作在风中飘摇的效果。
● 利用动感模糊滤镜制作动感效果。

操作步骤

（1）选择菜单"文件→新建"命令，对话框参数设置如图 4-14 所示，单击"确定"按钮后，将背景层填充为黑色。

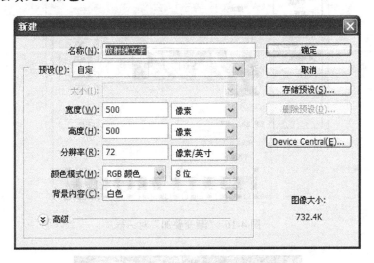

图 4-14　"新建"对话框

（2）将前景色设为白色，从工具箱中选择"横排文字工具"按钮T，输入文字"THE BLANK"，字体为黑体、72 点。右击文字图层，从弹出的快捷菜单中选择"栅格化文字"命令。单击图层调板下方的"添加图层样式"按钮 fx.，选择"斜面和浮雕"命令，对话框参数设置如图 4-15 所示。

（3）再次单击图层调板下方的"添加图层样式"按钮 fx.，选择"渐变叠加"命令，对话框参数设置如图 4-16 所示，得到的效果如图 4-17 所示。

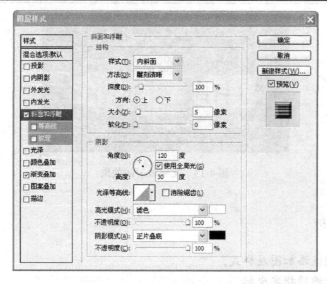

图 4-15 "斜面和浮雕"对话框

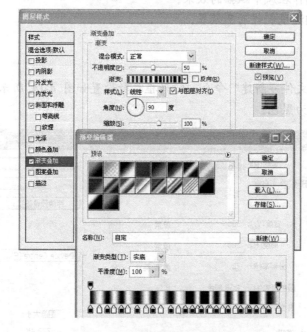

图 4-16 "渐变叠加"对话框

THE BLANK

图 4-17 添加图层样式后的效果

（4）选择菜单"选择→载入选区"命令，弹出"载入选区"对话框，选择之前存储的选区。选择"通道"面板，单击下方的"将选区存储为通道"按钮 ，按"Ctrl+D"组合键取消选区。激活图层调板，选择文字图层。选择菜单"滤镜→扭曲→极坐标"命令，对话框参数设置如图 4-18 所示，单击"确定"按钮，得到的效果如图 4-19 所示。

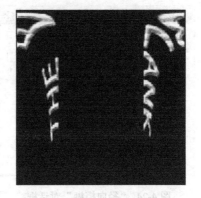

图 4-18　"极坐标"对话框　　　　　　　　图 4-19　极坐标滤镜效果

（5）选择菜单"图像→旋转画布→90°（顺时针）"命令，再选择菜单"滤镜→风格化→风"命令，对话框参数设置如图 4-20 所示。重复执行两次风滤镜（或按"Ctrl+F"组合键），增强风的效果。选择菜单"图像→旋转画布→90°（逆时针）"命令，将画布旋转回原来的状态，如图 4-21 所示。

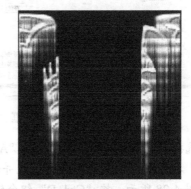

图 4-20　"风"对话框　　　　　　　　图 4-21　画布旋转回初始状态的效果

（6）选择菜单"滤镜→扭曲→极坐标"命令，对话框参数设置如图 4-22 所示，单击"确定"按钮，得到的效果如图 4-23 所示。

图 4-22　"极坐标"对话框　　　　　　　图 4-23　使用"极坐标"滤镜后的效果

（7）选择菜单"滤镜→模糊→径向模糊"命令，对话框参数设置如图 4-24 所示，单击"确定"按钮，得到的效果如图 4-25 所示。

图 4-24　"径向模糊"对话框　　　　　　　图 4-25　使用"径向模糊"滤镜后的效果

（8）选择菜单"图像→调整→色相/饱和度"命令，对话框参数设置如图 4-26 所示，单击"确定"按钮后的效果如图 4-27 所示。

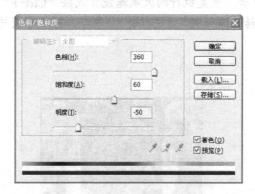

图 4-26　"色相/饱和度"对话框　　　　　　图 4-27　调整"色相/饱和度"后的效果

（9）选择"通道"调板，选中通道"Alpha 1"，单击"通道"调板下方的"将通道作为选区载入"按钮 ○，回到"图层"调板并新建一个图层。将前景色设为红色并填充，得到的效果如图 4-28 所示。按"Ctrl+D"组合键取消选区，适当调整文字的位置。

图 4-28　新建图层的文字效果

（10）单击图层调板下方的"添加图层样式"按钮 fx，选择"外发光"命令，对话框参数设置如图 4-29 所示。再添加"斜面和浮雕"样式，对话框参数设置如图 4-30 所示。单击"确定"按钮得到如图 4-13 所示的最终效果。

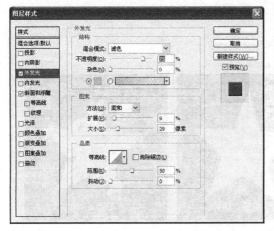
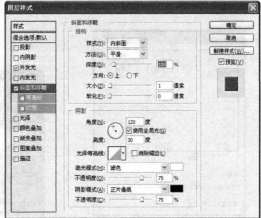

图 4-29　"外发光"对话框　　　　　　　　图 4-30　"斜面和浮雕"对话框

（11）选择菜单"文件→存储"命令，保存文件。

知识链接

4.2　扭曲滤镜组

使用"扭曲"滤镜组中的滤镜可使图像产生几何扭曲，创建三维或其他整形效果。该滤镜组包括的滤镜如图 4-31 所示。

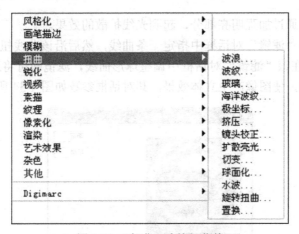

图 4-31　"扭曲"滤镜组菜单

（1）波浪：该滤镜的工作方式与"波纹"滤镜类似，但该滤镜对话框提供了更多选项，可进一步控制图像的变形效果。

（2）波纹：可使图像产生如水池表面的波纹效果，其对话框参数设置如图 4-32 所示，使用该滤镜的效果如图 4-33 所示。

数量：数量越大，波纹效果越明显。

（3）玻璃：使图像产生的效果像是透过不同类型的玻璃观看的效果。

（4）海洋波纹：将随机分隔的波纹添加到图像表面，使图像产生如同映射在波动水面上的效果。

图 4-32　"波纹"滤镜对话框　　　　　图 4-33　使用"波纹"滤镜的效果对比

　　（5）极坐标：根据在滤镜对话框中设置的选项，将选区从平面坐标转换到极坐标，或将选区从极坐标转换到平面坐标，来创建圆柱变体，即把矩形形状的图像变换为圆筒形状，或把圆筒形状的图像变换为矩形形状，其对话框参数如图 4-22 所示。

　　● 坐标的转换：即从平面坐标到极坐标或从极坐标到平面坐标。

　　● 预览比例：单击"+"号放大显示，单击"-"号缩小显示。

　　（6）挤压：通过在"滤镜"对话框中指定相关值，使图像产生向选区中心或选区外挤压的变形效果。

　　（7）镜头校正：可以校正普通相机的镜头变形失真的缺陷，如桶状变形、枕形失真、晕影及色彩失常等。

　　（8）扩散亮光：通过加强明亮部分，起到光线扩散的效果。

　　（9）切变：在该"滤镜"对话框中指定一条曲线，然后沿该曲线扭曲图像。

　　（10）球面化：在该"滤镜"对话框中调整球形曲线，滤镜即可将选区折成适合选中曲线的球形来扭曲图像，使图像产生立体效果，其对话框参数如图 4-34 所示。

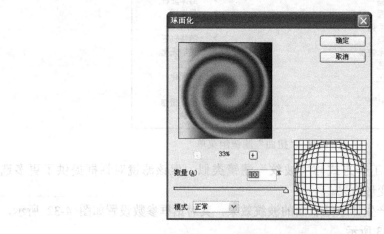

图 4-34　"球面化"滤镜对话框

　　● 数量：控制球体的立体效果，数值越大，效果越明显，一般取值为 100%。

　　● 模式：包含正常、水平优先和垂直优先 3 个选项，来控制球的形状。

（11）水波：可根据选区中像素的半径将选区径向扭曲，形成同心圆的水波。

（12）旋转扭曲：能以中心点为基准旋转图像选区来产生变形，形成漩涡形状，其对话框参数如图 4-35 所示。

角度：控制扭曲的程度。值越大，扭曲越明显，效果如图 4-36 所示。

图 4-35　"旋转扭曲"滤镜对话框

图 4-36　旋转扭曲角度分别为 100°和 900°效果对比

（13）置换：该滤镜可通过指定置换图像来扭曲选区的图像。

4.3　风格化滤镜组

"风格化"滤镜组中的滤镜可通过置换像素和增加图像的对比度，使图像产生绘画或印象派绘画的效果。该滤镜组中包括的滤镜如图 4-37 所示。

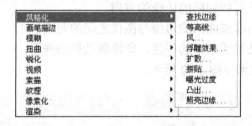

图 4-37　"风格化"滤镜组

（1）查找边缘：使用显著的转换标识图像的区域，并突出图像的边缘。

（2）等高线：可获得与等高线图中的线条相类似的效果。

（3）风：可模拟风的效果，在图像中创建细小的水平线条，其对话框参数如图 4-20 所示。

● 方法：该选项用于选择风的类型（大小），效果如图 4-38 所示。

原图　　　　　　应用"风"方法　　　　应用"大风"方法

图 4-38　应用"风"滤镜效果对比

● 方向：该选项用来控制风的方向，即从左到右还是从右到左。

（4）浮雕效果：可将选区的填充色转换为灰色，并用原填充色描绘图像的边缘，使选区显得凸起或凹陷，其对话框参数设置如图 4-39 所示。

图 4-39　"浮雕效果"对话框

● 角度：用于设置凸起或凹陷的边缘的方向。
● 高度：用于设置凸起或凹陷的边缘与图像之间的距离。
● 数量：用于设置凸起或凹陷的程度，即浮雕效果的强弱。

设置不同的参数，效果如图 4-40 所示。

　　角度对比

　　　　高度对比

图 4-40　应用"浮雕效果"滤镜效果

（5）扩散：在该"滤镜"对话框中选择一种扩散模式，滤镜将根据选中的模式选项搅乱图像选区中的像素，以使选区像素显得不十分聚集，而变得扩散。

（6）拼贴：将图像分解为一系列拼贴，并使选区偏移原来的位置，然后使用背景色、前景色、图像的反转版本或图像的未改变版本填充拼贴之间的区域。

（7）曝光过度：使图像产生类似摄影照片短暂曝光的效果。

（8）凸出：使图像选区或图层产生一种三维的纹理效果。

（9）照亮边缘：可查找并标识图像的边缘，然后向其中添加类似霓虹灯的光亮，其对话框参数设置如图 4-41 所示。

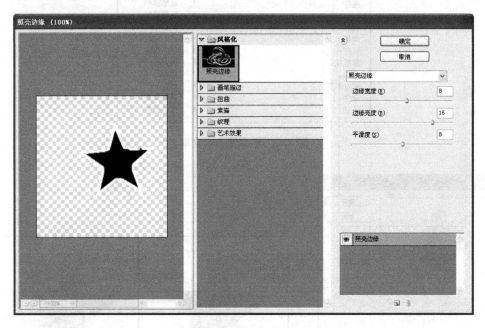

图 4-41　"照亮边缘"对话框

- 边缘宽度：用来控制边缘的粗细程度。
- 边缘亮度：用来控制边缘的亮度。
- 平滑度：用来控制边缘的平滑程度。

设置不同的边缘宽度和边缘参数，效果如图 4-42 所示。

原图　　　　　　　宽度：8，亮度：16　　　　宽度：4，亮度：8　　　　宽度 4：亮度：4

图 4-42　应用"照亮边缘"滤镜效果对比

4.4　模糊滤镜组

使用"模糊"滤镜组中的滤镜，通过平衡图像中已定义的线条和遮蔽区域边缘附近的像素，使图像变得柔和。"模糊"滤镜组中包括的滤镜如图 4-43 所示。

（1）表面模糊：使图像表面产生模糊的效果。

（2）动感模糊：使图像产生动态模糊的效果，类似于以固定的曝光时间给移动的物体拍照，其对话框如图 4-44 所示，动感模糊效果如图 4-45 所示。

图 4-43　模糊滤镜组菜单

图 4-44　"动感模糊"对话框　　　　　图 4-45　原图与动感模糊效果对比

- 角度：用来指定模糊的方向。
- 距离：用来表示模糊区域的大小。值越大，区域越大。

（3）高斯模糊：可添加低频细节，产生一种朦胧的模糊效果。在该滤镜对话框中设置可调整的量，以快速模糊图像或指定的选区，其对话框如图 4-46 所示，高斯模糊效果如图 4-47 所示。

图 4-46　"高斯模糊"对话框　　　　　图 4-47　高斯模糊效果

半径：用来调节和控制图像的模糊程度，值越大，模糊效果越明显。

（4）进一步模糊：使图像产生的模糊效果比"模糊"滤镜强 3～4 倍。

（5）径向模糊：模拟移动或旋转相机给物体拍照时所产生的柔化模糊，对话框参数设置如图 4-24 所示。

● 数量：用来控制模糊的程度，值越大，模糊效果越明显。

● 旋转：通过旋转图像得到模糊效果。

● 缩放：通过缩放图像得到模糊效果。

（6）镜头模糊：使用该滤镜可以像使用照相机镜头对准焦距一样，使图像的主体保持清晰聚集的同时，其余部分变模糊，即模拟各种镜头景深产生的模糊效果。

（7）模糊：在图像中有显著颜色变化的地方消除杂色，产生自然的整体模糊效果。

（8）平均：使图像产生很光滑的平面，整个图像会变为一种颜色。

（9）特殊模糊：在该滤镜对话框中设置相关选项，以精确地模糊图像，并且保护图像的边界。

（10）形状模糊：使用指定形状作为内核来创建模糊。

4.5　渲染滤镜组

"渲染"滤镜组包括"分层云彩"、"光照效果"、"镜头光晕"、"纤维"和"云彩"共 5 个滤镜。使用这些滤镜可使图像产生云彩图案、折射图案和光反射效果，并且可在三维空间中操纵对象，以创建立方体、球面和圆柱等三维对象。

（1）云彩：使用介于前景色与背景色之间的随机值，使图像生成柔和的云彩效果。

（2）分层云彩：该滤镜与"云彩"滤镜不同，它将云彩数据和当前的图像像素混合，并使用随机生成的介于前景色与背景色之间的值生成云彩图案。多次应用该滤镜，可创建出与大理石相似的凸缘和叶脉图案。

（3）光照效果：该滤镜提供了 17 种光照样式、3 种光照类型和 4 套光照属性，可使 RGB 图像产生无数种光照效果。另外，该滤镜还可以使用灰度文件的纹理产生类似于 3D 的效果，而且可以将其存储，以便以后用于其他图像，其对话框参数设置如图 4-48 所示。

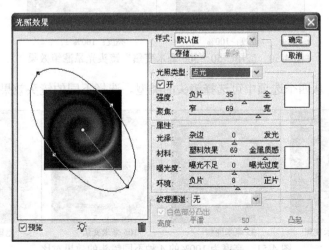

图 4-48　"光照效果"对话框

- 光照类型：用来选择光照的类型，有"点光"、"平行光"和"全源光"3 种。
- 纹理通道：用来选择要添加到当前光照效果中的通道。

（4）纤维：可利用前景色和背景色创造出类似纤维的图像。

（5）镜头光晕：可模拟光照射到相机镜头时产生的折射效果。在该滤镜对话框中，可指定光晕中心的位置，其对话框参数设置如图 4-49 所示。

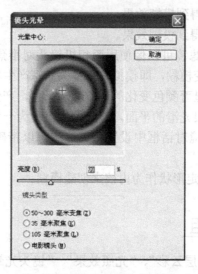

图 4-49　"镜头光晕"对话框

- 亮度：用来控制光晕的亮度，值越高，亮度越大。设置不同的亮度值，效果如图 4-50 所示。

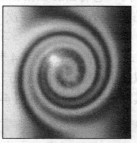 

亮度：100%　　　　　　　　　　亮度：160%

图 4-50　应用"50～300 毫米变焦"镜头光晕滤镜效果

- 镜头类型：从四个选项中可选择镜头的类型。选择不同的镜头效果如图 4-51 所示。

50～300 毫米变焦　　　35 毫米变焦　　　105 毫米变焦　　　电影镜头

图 4-51　亮度为 100%的 4 种不同镜头的效果对比

案例 15　　照片的艺术效果制作——液化滤镜的使用

 案例描述

通过使用"液化"滤镜制作相框和处理照片，完成如图 4-52 所示效果的制作。

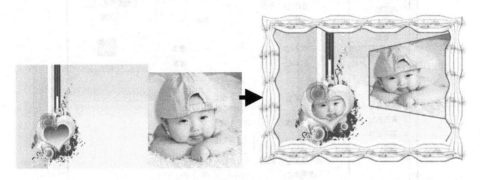

图 4-52　　照片的艺术效果

 案例分析

● 本案例利用"液化"滤镜制作相框并处理照片。
● 利用图层蒙版融合图片。
● 利用图层调板为图层添加图层样式。

操作步骤

（1）选择菜单"文件→新建"命令，对话框参数设置如图 4-53 所示。单击"确定"按钮后，新建"图层 1"，从工具箱中选择"矩形选框工具"，创建高约 5 像素的选区，如图 4-54 所示。

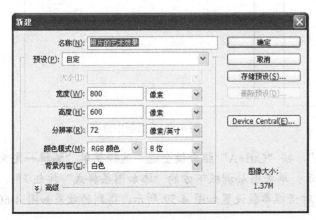

图 4-53　"新建"对话框

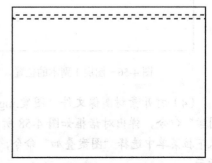

图 4-54　矩形选区

（2）将前景色设为# f77bd7 并填充选区，按"Ctrl+D"组合键取消选区。单击图层调板下方的"添加图层样式"按钮 *fx.*，从菜单中选择"斜面和浮雕"命令，对话框参数设置如图 4-55 所示。

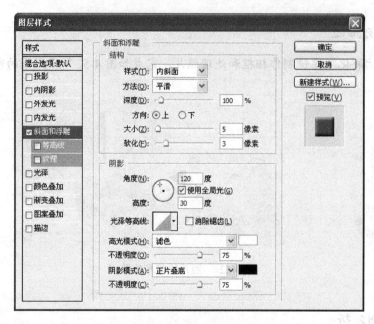

图 4-55　"斜面和浮雕"对话框

（3）按 4 次"Ctrl+J"组合键复制图层，利用"移动工具" ▶+移动图层 1 副本 4 的位置，如图 4-56 所示。在图层调板中按住"Shift"键再单击图层 1，同时选中图层 1 及其副本共 5 个图层，单击工具选项栏中的"垂直居中分布"按钮，得到的效果如图 4-57 所示。按"Ctrl+E"组合键合并图层 1 及所有副本层并命名为图层 1。

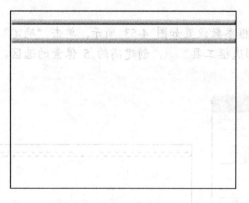

图 4-56　图层 1 副本的位置

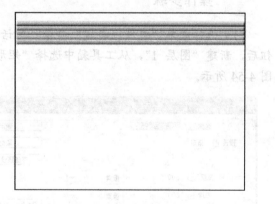

图 4-57　垂直居中分布

（4）打开素材图像文件"图案.jpg"，按"Ctrl+A"组合键全选，选择菜单"编辑→定义图案"命令，弹出对话框如图 4-58 所示。单击图层调板下方的"添加图层样式"按钮 *fx.*，从下拉菜单中选择"图案叠加"命令，对话框参数设置如图 4-59 所示，得到的效果如图 4-60 所示。

图 4-58 "图案名称"对话框

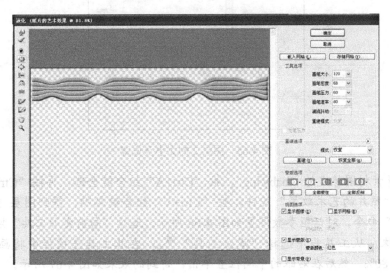

图 4-60 图案叠加效果

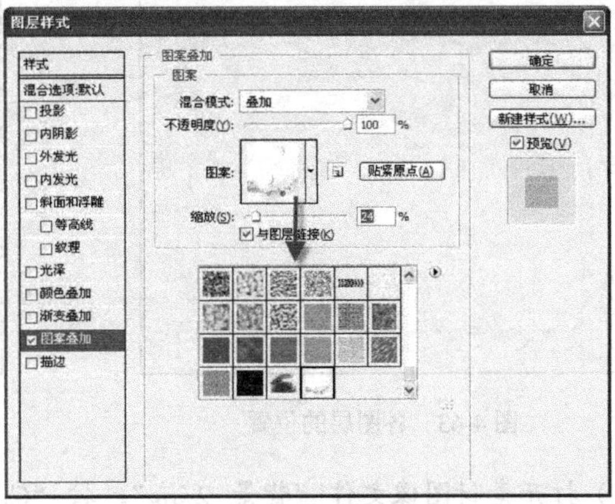

图 4-59 "图案叠加"对话框

（5）选择菜单"滤镜→液化"命令，对话框参数设置如图 4-61 所示。选择"褶皱工具"按钮 ，在需要的位置多次单击（或涂抹），单击"确定"按钮后，得到的效果如图 4-62 所示。

图 4-61 "液化"滤镜

图 4-62 使用"液化"滤镜后的效果

（6）按 3 次"Ctrl+J"组合键复制图层，选择菜单"编辑→变换→旋转 90 度（顺时针）"命令，并利用"移动工具" 移动该图层的位置。再选择图层 1 副本 2，选择菜单"编辑→变换→旋转 90 度（逆时针）"命令，移动该图层的位置。再移动图层 1 副本的位置，得到的效果如图 4-63 所示。

（7）从工具箱中选择"多边形套索工具" ，将各图层重叠的 4 个角以 45 度角切除，得到的效果如图 4-64 所示。合并所有的图像图层（背景层除外），并命名为图层 1。

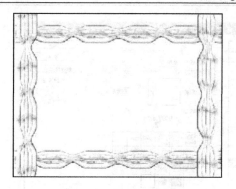 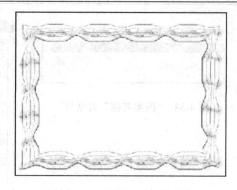

图 4-63　各图层的位置　　　　　　　　　图 4-64　4 个角切除后的效果

（8）打开素材图像文件"背景 2.jpg"，按"Ctrl+A"组合键全选，再按"Ctrl+C"组合键复制。激活"照片的艺术效果"文件，按"Ctrl+V"组合键粘贴，得到图层 2，将图层 2 置于图层 1 的下方。按"Ctrl+T"组合键缩小图层 2 的图像，得到的效果如图 4-65 所示。

图 4-65　图层 2 的大小及位置

（9）打开素材图像文件"baby.jpg"，按"Ctrl+A"组合键全选，再按"Ctrl+C"组合键复制。激活"照片的艺术效果"文件，按"Ctrl+V"组合键粘贴，得到图层 3。选择菜单"滤镜→液化"命令，对话框参数设置如图 4-66 所示。选择"向前变形工具"按钮，在右眼的位置涂抹。从工具箱中选择"减淡工具"，在其工具选项栏中将画笔直径设为 6px，硬度为 80%，然后在右眼的中间位置单击，得到的效果如图 4-67 所示。

图 4-66　"液化"滤镜　　　　　　　　　　图 4-67　baby 修改后的效果

（10）按"Ctrl+J"组合键复制图层 3。选择图层 3，按"Ctrl+T"组合键缩小图片的大小，并用"移动工具" ⊹ 移动其位置，效果如图 4-68 所示。单击图层调板下方的"添加图层蒙版"按钮 ▣，将前景色设为白色，背景色设为黑色，选择"渐变工具" ▣，在其选项工具栏中选择"径向渐变"按钮 ▣，填充由前景到背景的径向渐变，得到的效果如图 4-69 所示（效果不理想时，可以使用硬度和流量均为 50%的白色画笔工具涂抹）。

图 4-68　baby 图片位置

图 4-69　使用蒙版后的效果

（11）在图层调板中，选择图层 3 副本层。选择菜单"编辑→变换→透视"命令，效果如图 4-70 所示。再按"Ctrl+T"组合键，缩小图像，并移动图像位置，效果如图 4-71 所示。

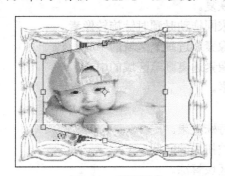

图 4-70　透视图片

图 4-71　变换后的图像效果

（12）单击图层调板下方的"添加图层样式"按钮 fx.，从下拉菜单中选择"描边"命令，对话框参数设置如图 4-72 所示。单击"确定"按钮后，得到如图 4-52 所示的最终效果，此时的图层调板如图 4-73 所示。

图 4-72　"描边"对话框

图 4-73　图层调板

（13）选择菜单"文件→存储"命令，保存文件。

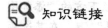知识链接

| 4.6 | 液化滤镜 |

"液化"滤镜可使整个图像或图像的局部区域产生细微的或剧烈的扭曲变形。执行"液化"命令后，可弹出"液化"对话框，在该对话框中使用"变形"、"湍流"、"膨胀"和旋转扭曲等工具处理当前的预览图像。也可以在预览窗口显示网格，以对图像进行精细的变形操作。

注意："液化"命令仅适用于 RGB、CMYK、Lab 颜色模式，以及灰度图像模式的 8 位图像。

使用"液化"命令编辑图像的具体操作如下。

（1）打开要编辑的图像，或确定要编辑的图像的部分区域。

（2）执行"滤镜→液化"命令，弹出"液化"对话框。各参数功能如下。

- 向前变形工具：可以在图像上拖动像素产生变形效果。
- 重建工具：对变形的图像进行完全或部分恢复。
- 顺时针旋转扭曲工具：当按住鼠标按钮或来回拖动时顺时针旋转像素。
- 褶皱工具：当按住鼠标按钮或来回拖动时像素靠近画笔区域的中心。
- 膨胀工具：当按住鼠标按钮或来回拖动时像素远离画笔区域的中心。
- 左推工具：移动与鼠标拖动方向垂直的像素。
- 镜像工具：将范围内的像素进行对称复制。
- 湍流工具：可平滑地移动像素，产生各种特殊效果。
- 冻结蒙版工具：可以使用此工具绘制不会被扭曲的区域。
- 解冻蒙版工具：使用此工具可以使冻结的区域解冻。
- 抓手工具：当图像无法完整显示时，可以使用此工具对其进行移动操作。
- 缩放工具：可以放大或缩小图像。
- 载入网格：单击此按钮，然后从弹出的窗口中选择要载入的网格。
- 存储网格：单击此按钮可以存储当前的变形网格。
- 画笔大小：指定变形工具的影响范围。
- 画笔压力：指定变形工具的作用强度。
- 湍流抖动：调节湍流的紊乱度。
- 模式：可以选择重建的模式，有恢复、刚硬的、僵硬的、平滑的、疏松的、置换、膨胀的和相关的 8 种模式。
- 重建：单击此按钮，可以依照选定的模式重建图像。
- 恢复全部：单击此按钮，可以将图像恢复至变形前的状态。
- 蒙版：可以选择要冻结的选区。
- 无：将所有的冻结区域清除。
- 全部反相：将绘制的冻结区域与未绘制的区域进行转换。
- 全部蒙住：冻结所有的区域。

- 显示蒙版：勾选此项，在预览区中将显示冻结区域。
- 显示网格：勾选此项，在预览区中将显示网格。
- 显示图像：勾选此项，在预览区中将显示要变形的图像。
- 网格大小：选择网格的尺寸。
- 网格颜色：指定网格的颜色。
- 蒙版颜色：指定冻结区域的颜色。
- 显示背景：勾选此项，可以在右侧的列表框中选择作为背景的其他层或所有层都显示。
- 不透明度：调节背景幕布的不透明度。

（3）选择"冻结蒙版工具" ，在不进行编辑的区域中拖动，将其冻结。如果要解冻所有冻结的区域，可在对话框中的"蒙版选项"组中单击"无"按钮。

（4）在"工具选项"组中对画笔大小、压力和湍流压力进行设置，以控制图像变形的速度和拼凑图像的紧密程度。

（5）在对话框左侧选择"向前变形工具" 🔲、"湍流工具" ≋、"顺时针旋转扭曲工具" ⊚、"褶皱工具" 🔲 或 "膨胀工具" ⟡ 等，在对话框中的预览图像上拖动，使图像产生向前推进、波纹、顺时针旋转、逆时针旋转、折叠和膨胀等扭曲效果。

（6）预览扭曲的图像后，可使用对话框中的"重建工具" 🔲 或其他控件来完全或部分恢复更改。

（7）设置完成后，单击"好"按钮，关闭"液化"对话框，并将更改应用到选定的图像。

案例 16　将花卉处理成水彩效果——艺术效果滤镜组的使用

🍎 案例描述

通过利用"滤镜"中的"水彩"、"添加杂色"、"高斯模糊"及"光照效果"功能，完成如图 4-74 所示效果的制作。

图 4-74　水彩画的效果

 案例分析

- 利用艺术效果滤镜组中的"水彩"命令使图像产生水彩画的效果。

● 利用"添加杂色"滤镜、"高斯模糊"滤镜使图像产生水彩的痕迹。
● 利用"光照效果"滤镜使图像产生光源照射的效果。

 操作步骤

（1）打开素材图像文件"鲜花.jpg"，如图 4-74 左图所示。
（2）选择菜单"滤镜→艺术效果→水彩"命令，对话框参数设置如图 4-75 所示。单击"确定"按钮后，得到的效果如图 4-76 所示。

图 4-75 "水彩"对话框

图 4-76 使用"水彩"滤镜后的效果

（3）打开"通道"调板，单击下方的"创建新通道"按钮 ，得到 Alpha1 通道。选择菜单"滤镜→杂色→添加杂色"命令，对话框参数设置如图 4-77 所示。选择菜单"图像→调整→反相"命令，再选择菜单"滤镜→模糊→高斯模糊"命令，对话框参数设置如图 4-78 所示。

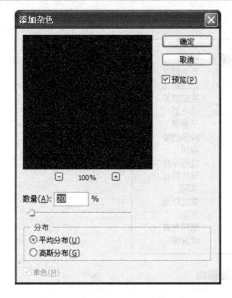

图 4-77　"添加杂色"对话框　　　　　　　图 4-78　"高斯模糊"对话框

（4）单击"通道"调板中的"RGB"通道，再单击"图层"调板中的"背景"层。选择菜单"滤镜→渲染→光照效果"命令，对话框参数设置如图 4-79 所示。单击"确定"按钮后，得到图 4-74 右图所示的最终效果。

图 4-79　"光照效果"对话框

（5）选择菜单"文件→存储"命令，保存文件。

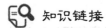知识链接

4.7　艺术效果滤镜组

在 Photoshop CS3 中，"艺术效果"滤镜组共包括 15 种滤镜，如图 4-80 所示。使用这

些滤镜可模仿自然或传统介质效果。

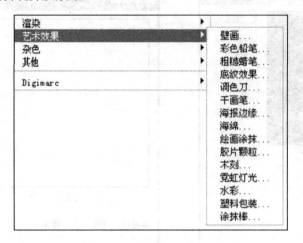

图 4-80 "艺术效果"滤镜组

"艺术效果"滤镜组中各个滤镜的功能如下。

（1）壁画：使用该滤镜如同使用短而圆的小块颜料，以一种粗糙的风格绘制图像，产生壁画一样的效果。

（2）彩色铅笔：使图像产生的效果如同使用彩色铅笔在纯色背景上绘制一样。

（3）粗糙蜡笔：使图像产生的效果就好像使用彩色粉笔在带纹理的背景上描过边一样。

（4）底纹效果：可使图像产生犹如在带纹理的背景上绘制而成的效果。使用该滤镜后的效果如图 4-81 所示。

图 4-81 使用"底纹效果"滤镜前后的效果对比

（5）调色刀：可模拟油画绘制中使用的调色刀，减少图像中的细节，以生成描绘得很淡的画布效果，并显示出图案下面的纹理。

（6）干画笔：可将图像的颜色范围降到普通颜色范围来简化图像，好像使用干画笔技术绘制的图像边缘一样，使图像颜色显得干枯。

（7）海报边缘：在滤镜对话框中设置选项，以减少图像中的颜色数量，并查找图像的边缘，在图像边缘上绘制黑色线条，使图像中大而宽的区域显现简单的阴影，而使细小的深色细节遍布整个图像，其对话框参数设置如图 4-82 所示，使用该滤镜后的效果如图 4-83 所示。

图 4-82　"海报边缘"对话框

- 边缘厚度：用于设置图像的边界宽度。值越大，边缘越宽，镶边效果越明显。
- 边缘强度：主要是指边缘与邻近像素的对比强度，值越大，对比越强烈。
- 海报化：指色调分离后原色值信息的保留程度，值越大，原图像色值信息保留得越多，图像的原色细节就保留得越好。

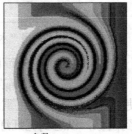

原图　　　　　　　参数：2、1、1　　　　　　　参数：2、8、1　　　　　　　参数：2、8、4

图 4-83　应用"海报边缘"滤镜效果对比

（8）海绵：使用图像中颜色对比强烈、纹理较重的区域重新创建图像，使图像产生如同用海绵绘制而成的效果。

（9）绘画涂抹：该滤镜对话框中提供了"简单"、"未处理光照"、"暗光"、"宽锐化"、"宽模糊"和"火花"多种画笔类型。用户可选择不同的画笔类型并设置滤镜选项，使图像产生不同的绘画效果。

（10）胶片颗粒：可给原图像增加一些均匀的颗粒状斑点，并且还可以控制图像的明暗度。

（11）木刻：可使高对比度的图像看起来呈剪影状，而使彩色图像看上去像由几层彩纸组成，其对话框参数设置如图 4-84 所示，使用该滤镜后的效果如图 4-85 所示。

- 色阶数：可调整当前图像的色阶，取值范围为 2～8。

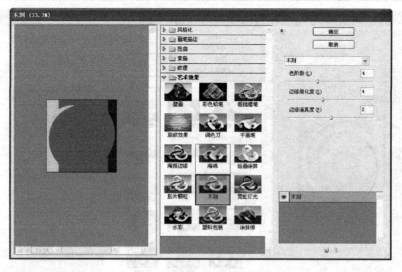

图 4-84 "木刻"滤镜对话框

图 4-85 使用"木刻"滤镜后的效果

● 边缘简化度：用于控制图像边缘的简化程度，值越大，简化度越高。
● 边缘逼真度：用于控制图像边缘的逼真程度，值越大，逼真程度越高。

（12）霓虹灯光：使用前景色和背景色重新绘制图像，并可在滤镜对话框中设置发光颜色，然后将该颜色添加到图像，以达到霓虹灯光的效果。

（13）水彩：使图像中应用水彩效果，其对话框参数设置如图 4-75 所示。

● 画笔细节：设置画笔的细腻程度，值越大，越细腻。
● 阴影强度：设置阴影的强度，值越大，阴影越深。
● 纹理：设置水彩各种颜色交界处的过渡变形方式。

（14）塑料包装：该滤镜强调表面细节，其效果如同在图像表面裹了一层光亮的塑料薄膜一样。

（15）涂抹棒：使用短的对角线描边涂抹图像的暗部区域，起到柔化图像的作用。该滤镜还可使图像的亮区变得更亮，以致失去图像细节。

4.8　杂色滤镜组

"杂色"滤镜组中的滤镜可添加或移去杂色或带有随机分布色阶的像素，这有助于将选区混合到周围的像素中。"杂色"滤镜可创建与众不同的纹理或移去有问题的区域，如灰尘和划痕。该滤镜组中包括"减少杂色"、"蒙尘与划痕"、"去斑"、"添加杂色"和"中间值"共 5 个滤镜。

（1）减少杂色：在基于影响整个图像或各个通道的用户设置保留边缘的同时减少杂色。

（2）蒙尘与划痕：通过更改相异的像素减少杂色。为了在锐化图像和隐藏瑕疵之间取得平衡，请尝试"半径"与"阈值"设置的各种组合，或者在图像的选中区域应用此滤镜。使用该滤镜后的效果如图 4-86 所示。

图 4-86　对选区中的图像使用"蒙尘与划痕"滤镜后的效果

（3）去斑：检测图像的边缘（发生显著颜色变化的区域）并模糊除边缘外的所有选区。该模糊操作会移去杂色，同时保留细节。

（4）添加杂色：将随机像素应用于图像，模拟在高速胶片上拍照的效果。也可以使用"添加杂色"滤镜来减少羽化选区或渐进填充中的条纹，或使经过重大修饰的区域看起来更真实，其对话框参数设置如图 4-77 所示。

● 数量：用于控制图像添加杂色的数量。

● 分布：包括"平均"和"高斯"。"平均"使用随机数值（介于 0 及正/负指定值之间）分布杂色的颜色值以获得细微效果。"高斯"沿一条钟形曲线分布杂色的颜色值以获得斑点状的效果。

● 单色：该选项将此滤镜只应用于图像中的色调元素，而不改变颜色。

（5）中间值：通过混合选区中像素的亮度来减少图像的杂色。此滤镜在消除或减少图像的动感效果时非常有用。

 知识拓展

1. 锐化滤镜组

利用"锐化"滤镜组中的滤镜，可通过增加相邻像素的对比度来聚焦模糊的图像。该滤镜组中共包括："USM 锐化"、"进一步锐化"、"锐化"、"锐化边缘"和"智能锐化"5 种滤镜。

（1）"锐化"和"进一步锐化"：聚焦选区并提高其清晰度。"进一步锐化"滤镜比"锐化"滤镜应用更强的锐化效果。

（2）"锐化边缘"和"USM 锐化"：查找图像中颜色发生显著变化的区域，然后将其锐化。"锐化边缘"滤镜只锐化图像的边缘，同时保留总体的平滑度，使用此滤镜在不指定数量的情况下锐化边缘。对于专业色彩校正，可使用"USM 锐化"滤镜调整边缘细节的对比度，并在边缘的每侧生成一条亮线和一条暗线。此过程将使边缘突出，造成图像更加锐化的错觉。

（3）智能锐化：通过设置锐化算法或控制阴影和高光中的锐化量来锐化图像。使用该滤镜后的效果如图 4-87 所示。

图 4-87　使用"智能锐化"滤镜的效果

2. 像素化滤镜组

"像素化"滤镜组中的滤镜通过使单元格中颜色值相近的像素结成块来清晰地定义一个选区。该滤镜组包含的滤镜如图 4-88 所示。

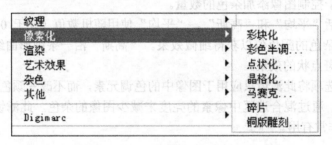

图 4-88　"像素化"滤镜组

（1）彩块化：使纯色或相近颜色的像素结成相近颜色的像素块。可以使用此滤镜使扫描的图像看起来像手绘图像，或使现实主义图像类似抽象派绘画。

（2）彩色半调：模拟在图像的每个通道上使用放大的半调网屏的效果。对于每个通道，滤镜将图像划分为矩形，并用圆形替换每个矩形。圆形的大小与矩形的亮度成比例。

（3）点状化：将图像中的颜色分解为随机分布的网点，如同点状化绘画一样，并使用背景色作为网点之间的画布区域。

（4）晶格化：使像素结块形成多边形纯色。

（5）马赛克：使像素结为方形块。给定块中的像素颜色相同，块颜色代表选区中的颜色，其对话框参数设置如图 4-89 所示，使用该滤镜后，效果如图 4-90 所示。

图 4-89　"马赛克"对话框　　　　　　　图 4-90　使用"马赛克"滤镜的效果

单元格大小：该参数用于设置马赛克方块的大小。

（6）碎片：创建选区中像素的 4 个副本，将它们平均，并使其相互偏移。

（7）铜版雕刻：将图像转换为黑白区域的随机图案或彩色图像中完全饱和颜色的随机图案。要使用此滤镜，请从"铜版雕刻"对话框中的"类型"菜单中选取一种网点图案。

3．画笔描边滤镜组

与"艺术效果"滤镜一样，"画笔描边"滤镜使用不同的画笔和油墨描边效果创造出绘画效果的外观。该滤镜组包含的滤镜如图 4-91 所示。

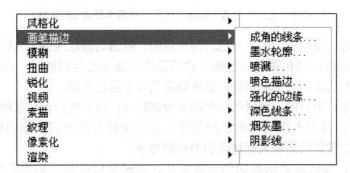

图 4-91　"画笔描边"滤镜组

（1）成角的线条：使用对角描边重新绘制图像，用相反方向的线条来绘制亮区和暗区。

（2）墨水轮廓：以钢笔画的风格，用纤细的线条在原细节上重绘图像。

（3）喷溅：模拟喷溅喷枪的效果，增加选项可简化总体效果，其对话框参数设置如图 4-92 所示，使用该滤镜后的效果如图 4-93 所示。

图 4-92　"喷溅"滤镜对话框

 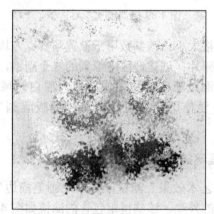

图 4-93　使用"喷溅"滤镜的效果（喷溅半径为 10 和 25）

（4）喷色描边：使用图像的主导色，用成角的、喷溅的颜色线条重新绘画图像。

（5）强化的边缘：强化图像的边缘。设置高的边缘亮度控制值时，强化效果类似于白色粉笔；设置低的边缘亮度控制值时，强化效果类似于黑色油墨。

（6）深色线条：用短的、绷紧的深色线条绘制暗区；用长的白色线条绘制亮区。

（7）烟灰墨：以日本画的风格绘画图像，看起来像是用蘸满油墨的画笔在宣纸上绘画。烟灰墨使用非常黑的油墨来创建柔和的模糊边缘。

（8）阴影线：保留原始图像的细节和特征，同时使用模拟的铅笔阴影线添加纹理，并使彩色区域的边缘变粗糙，其对话框参数设置如图 4-94 所示，使用该滤镜后的效果如图 4-95 所示。

"强度"选项：使用值为 1～3，确定使用阴影线的遍数。

注意：并不是所有的图像都可应用滤镜效果，对于位图模式和索引颜色模式的位图图像则不能应用滤镜效果。

图 4-94　"阴影线"滤镜对话框

图 4-95　使用"阴影线"滤镜效果前后对比

> **注意**：当需要再次应用上次应用的滤镜效果时，可按"Ctrl+F"组合键。如果需要显示上次应用滤镜的对话框，可按"Ctrl+Alt+F"组合键。

 思考与实训

一、填空题

1. ＿＿＿＿＿＿＿＿层不可以使用滤镜。

2. "马赛克"属于＿＿＿＿＿＿＿＿滤镜，"马赛克拼贴"属于＿＿＿＿＿＿＿＿滤镜。

3. 在 Photoshop 中，＿＿＿＿＿＿＿＿＿＿＿＿＿＿＿＿模式图像不能使用滤镜。

4. 当需要再次应用上次应用的滤镜效果时，可按＿＿＿＿＿＿＿＿组合键。如果需要显示上次应用滤镜的对话框，可按＿＿＿＿＿＿＿＿组合键。

5. 在 Photoshop 中，＿＿＿＿＿＿＿＿滤镜可以使图像中过于清晰或对比度过于强烈的区域，产生模糊效果，也可用于制作柔和阴影。

6. 选择_____菜单命令或按"Alt+Ctrl+X"组合键,弹出"抽出"对话框,然后选择对话框中的_____工具可以描绘需要抽出的图像边缘。

7. 在"液化"对话框中,褶皱工具可以使图像_____;膨胀工具可以使图像_____。

8. 镜头光晕滤镜的作用是_____,_____滤镜可以使图像产生表面质感强烈并富有立体感的塑料包装效果。

9. _____滤镜可以锐化图像的轮廓,使不同颜色之间的分界更加明显。

10. _____滤镜可以在图像中添加一些短而细的水平线来模拟风吹效果。

二、上机实训

1. 打开"素材"文件夹图像文件"女人.jpg"和"香水.gif",利用"添加杂色"滤镜和"动感模糊"滤镜制作香水广告,效果如图4-96所示。

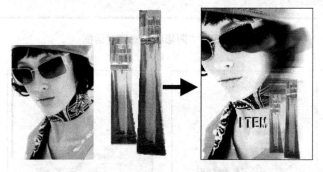

图4-96   香水广告的效果

2. 打开"素材"文件夹图像文件"蓝天.jpg"、"鹰.gif"、"鹰群.gif",利用"径向模糊"滤镜功能和图层调板的功能制作"雄鹰展翅"效果,如图4-97所示。

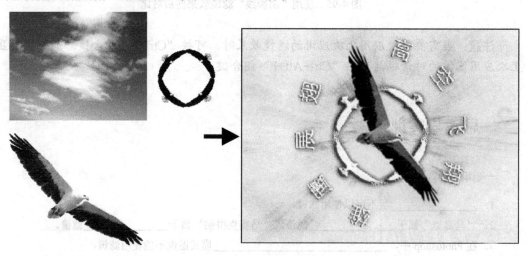

图4-97   雄鹰展翅效果图

3. 利用扭曲滤镜中的"旋转扭曲"和"球面化"命令制作棒棒糖,效果如图4-98所示。

4. 利用渲染中的"镜头光晕"滤镜、扭曲中的"波浪"和"旋转扭曲"滤镜、画笔描边中的"强化边缘"滤镜、风格化中的"凸出"滤镜及"锐化"滤镜制作魔幻背景，效果如图 4-99 所示。

图 4-98　棒棒糖效果

图 4-99　魔幻背景的效果

5. 利用渲染云彩、分层云彩滤镜、反相命令和色阶命令完成"水晶球"效果的制作，如图 4-100 所示。

图 4-100　水晶球效果

第 **5** 章　色彩视觉应用

 案例 17　金色海岸

 案例描述

通过调整图 5-1 的色阶、色相/饱和度、曲线及亮度/对比度，制作金色海岸效果，如图 5-2 所示。

图 5-1　原图　　　　　　　　　　　　　图 5-2　金色海岸效果图

 案例分析

● 通过"图像→调整→色阶"命令，调整图片的影调。
● 通过"图像→调整→色相/饱和度"命令，渲染图片的色调。
● 通过"图像→调整→曲线"命令，调整图片的影调。
● 通过"图像→调整→亮度/对比度"命令，调整图片的亮度、对比度。

 操作步骤

（1）打开图 5-1 的素材图像文件"海岸.jpg"，选择"图像→调整→色阶"命令，弹出"色阶"对话框，如图 5-3 所示，输入色阶的暗、中间、亮调值分别为 19、1、165，效果如图 5-4 所示。

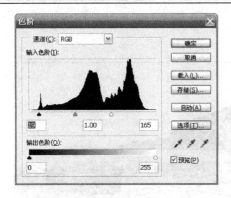

图 5-3　"色阶"对话框

图 5-4　调整"色阶"后的效果

（2）为加强黄昏的昏暗效果，再次打开"色阶"对话框，如图 5-5 所示，将中间的灰滑标向右侧移动，参数设为 0.52，效果如图 5-6 所示。

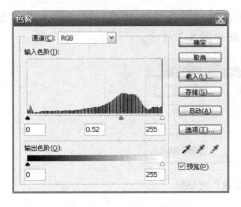

图 5-5　"色阶"对话框

图 5-6　调整"色阶"后的效果

（3）选择"图像→调整→色相/饱和度"命令，在弹出的"色相/饱和度"对话框中选择红色，饱和度的值设为 48，如图 5-7 所示。同样，选择黄色，饱和度的值设为 65；选择青色，饱和度的值设为 36，效果如图 5-8 所示。

图 5-7　"色相/饱和度"对话框

图 5-8　调整"色相/饱和度"后的效果

（4）选择"图像→调整→曲线"命令，调整图片的影调，如图 5-9 所示，中间点的输入/输出值为 81/60，效果如图 5-10 所示。

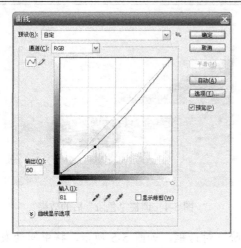

图 5-9 "曲线"对话框 　　　　　　　　　 图 5-10 调整"曲线"后的效果

（5）选择"图像→调整→亮度/对比度"命令，弹出"亮度/对比度"对话框，设定亮度值为+20，对比度为−3，如图 5-11 所示，最终效果如图 5-2 所示。

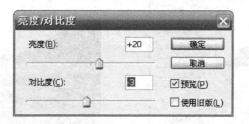

图 5-11 "亮度/对比度"对话框

（6）选择"文件→保存"命令，保存文件。

案例 18　浓浓金秋

 案例描述

巧用通道混合器、图层样式、可选颜色及亮度/对比度，将图 5-12 调出如图 5-13 所示的浓浓金秋效果。

图 5-12　原图 　　　　　　　　　 图 5-13　浓浓金秋效果图

案例分析

● 打开"通道混合器",对红、绿、蓝通道分别进行设置。
● 设置"图层样式"。
● 添加"可选颜色"调整图层,调整黄色数值。
● 添加"亮度/对比度"调整图层,调整图片的亮度与对比度。

操作步骤

(1)打开素材图像文件"风光.jpg",如图 5-12 所示,选择"图层→新建调整图层→通道混合器"命令,弹出"新建图层"对话框,如图 5-14 所示。

图 5-14 "新建图层"对话框

(2)单击"确定"按钮,在弹出的"通道混合器"对话框中对红、绿、蓝三个通道的数值分别进行设置:红色通道的红、绿、蓝值分别设为–50、200、–50,如图 5-15 所示,绿色通道的红、绿、蓝值分别设为 0、100、0,蓝色通道的红、绿、蓝值分别设为 0、0、100,效果如图 5-16 所示。

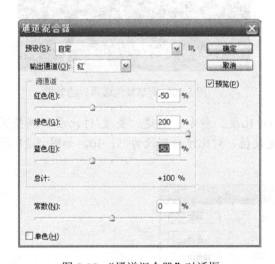

图 5-15 "通道混合器"对话框

图 5-16 调整后的效果

(3)选择"图层→图层样式→混合选项"命令,弹出"混合选项"对话框,如图 5-17 所示,"混合模式"设为变亮,效果如图 5-18 所示。

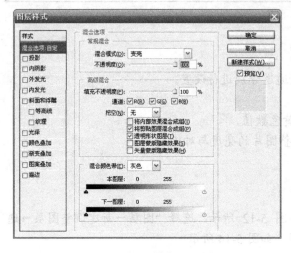

图 5-17 "图层样式"对话框   图 5-18 设置图层样式后的效果

（4）选择"图层→新建调整图层→可选颜色"命令，创建"可选颜色"调整图层，在
"可选颜色选项"对话框中选择黄色，如图 5-19 所示，其青色、洋红、黄色、黑色值分别设
为-80、40、50、0，效果如图 5-20 所示。

图 5-19 "可选颜色选项"对话框   图 5-20 调整黄色选项后的效果

（5）选择"图层→新建调整图层→亮度/对比度"命令，创建"亮度/对比度"调整图
层，在弹出的"亮度/对比度"对话框中，将亮度值、对比度分别设为 5、10，如图 5-21 所
示，最终效果如图 5-13 所示。

图 5-21 "亮度/对比度"对话框

（6）选择"文件→保存"命令，保存文件。

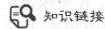知识链接

5.1　图像色彩基础

在学习如何对图像进行色彩处理之前，先了解以下几个有关图像色彩的问题。

1. 图像色彩处理的几个概念

（1）色调

色调是一幅画的总体色彩倾向，是上升到一种艺术高度的色彩概括。在日常生活中，经常有人说，"某某结婚照拍得特别浪漫"、"某某家装修得非常温馨"等，这些都包含色彩的一种概括——即色调。

在所有的图像色彩处理命令中，一般使用"色阶"、"自动色阶"和"曲线"等命令对图像的色调进行调整，具体操作时，一般是通过调整图像中某个或几个颜色通道的方式来达到调整图像色调的目的。

（2）色相

色相是指色彩的相貌，也是色彩的基本特征，如蓝色的天空、绿色的草地等。通常，色相用颜色名称来标识，如红色、橙色或绿色。把红、黄、绿、蓝、紫和处在它们各自之间的黄红、黄绿、蓝绿、蓝紫、红紫这5种中间色（共计10种色）作为色相环。在色相环上排列的色是纯度高的色，被称为纯色，与环中心对称、并在180°的位置两端的色被称为互补色。

在所有的图像色彩处理命令中，一般使用"色相/饱和度"命令来调整图像的色相。

（3）亮度

亮度是指色彩明暗、浓淡的程度。如对于 CMYK 模式的图像，其原色分别是 C（青色）、M（洋红）、Y（黄色）和 K(黑色)，调整该图像的亮度时，实质上就是调整上述 4 种原色的明暗度。

在所有的图像色彩处理命令中，一般使用"曲线"和"亮度/对比度"等命令对图像的亮度进行调整。

（4）饱和度

饱和度又称纯度，是指色彩的饱和程度，它表示纯色中灰色成分的相对比例，用 0%～100%的百分数来衡量，纯净颜色（100%表示完全饱和）的饱和度最高，灰色（0%表示灰度）饱和度最低。

在所有的图像色彩处理命令中，一般使用"色相/饱和度"命令来调整图像的饱和度。

（5）对比度

对比度是指不同颜色之间的差异程度。两种颜色之间的差异越大，对比度就越大，如红对绿、黄对紫、蓝对橙是 3 组对比度较大的颜色，黑色和白色是对比度最大的颜色。

在所有的图像色彩处理命令中，一般使用"亮度/对比度"命令来调整图像的对比度。

2. 色彩的视觉感受

冷与暖：某种颜色给人以温暖的感觉，就称它为暖色；反之，如果给人以清凉的感觉，就称它为冷色。暖色给人以力量与热量的感觉，冷色给人以阴凉与寒冷的感觉。冷色调的亮度越高越偏暖，暖色调的亮度越高越偏冷。

轻与重：人在搬运东西时，常常会产生这样的错觉，同样大小的物品，浅色包装的看上去就是比深色包装的轻，这是色彩跟我们开的玩笑，也是人的心理和生理开的玩笑。高明度的颜色让人产生"轻"的错觉；低明度的颜色让人产生"重"的错觉。

软与硬：由于色调的差异，有些颜色会让人感到似溪水的流淌、棉花的柔软，有些颜色会让人感到似黄土地的厚重、岩石的坚硬，这就是色彩的软硬感觉。色彩的软硬感主要取决于明度和饱和度，与色相关系不大。明度较高、饱和度较低的颜色，柔软感强；明度较低、饱和度较高的颜色，坚硬感强；白色和黑色是坚固的，中明度的灰色是柔软的。

朴素与华丽：有人喜欢朴素，就会有人喜欢华丽。不同的人有不同的喜欢，于是人为地把色彩分出了朴素和华丽。越有"彩"感觉的色彩，华丽感越强；越有"灰"感觉的色彩，朴素感越强。

沉静与活泼：有人爱动，就会有人爱静。爱动的人充满了活泼与朝气，爱静的人散发着柔美与恬静。把活泼与朝气，柔美与恬静和色彩的调子相关联，不难发现，高明度、低饱和度和低明度、中低饱和度的色彩相应给人以沉静感；中明度、中饱和度色彩给人以活泼感。

膨胀与收缩：有些颜色会把物体"放大"，有些颜色会把物体"缩小"，这种错觉就是颜色的膨胀感与收缩感导致的结果。导致"放大"错觉的颜色就是膨胀色，导致"缩小"错觉的颜色就是收缩色。颜色的膨胀与收缩与背景的颜色有一定的关系，某些颜色在浅色的背景下膨胀，而在深色的背景下却收缩，反之亦然。一般来说，暖色、明色感觉膨胀；冷色、暗色感觉收缩。

3．色彩的运用法则

色彩的美感是以色彩关系为基础表现出的一种总体感觉，一定的构成法则是产生色彩美的前提。色彩及其面积大小的配置是配色效果的重要因素，色彩设计必须注重以下几点才能提高视觉效果，完美地表达设计主题。

（1）主调

画面整体的色调，是色彩关系的基调。总的色彩倾向好似乐曲中的主旋律，是设计师给观众感受的重要因素，在创造特定气氛与意境上能发挥主导作用，有强烈的感染力，在形成设计作品的风格与特征上起着重要的作用。

将互相排斥的色彩统一于一个有秩序的主调中，使人在统一的效果中感到一种和谐的美。一幅设计作品给观众什么样的感受，首先得确定总体色调，这是色彩设计的第一步，是决定设计成败的首要因素。

（2）平衡

平衡指视觉上感受到的一种力的平衡状态，配色的平衡指两种以上的色彩放在一起，其上下左右在视觉上有平衡安定的感觉。

一般说来，色彩的明暗轻重和面积大小是影响配色的基本要素，其原则是纯色和暖色比灰色和冷色面积要小一些，容易达到平衡；明度接近时，饱和度高的色比灰色调的面积小，易于取得平衡；另外，明度高的色彩在上、明度低的色彩在下，容易保持平衡。

为了造成一种新奇特异的视觉特征，也可以采取反平衡的色彩效果，从而让读者获得一定特殊的心理上的平衡效果。

（3）节奏

在色彩组合中，节奏表现在色彩的重复、交替和渐变形成的空间性律动，产生一种运动感，如疏密、大小、强弱、反正等形式的巧妙配合，能使画面产生多种多样的韵律感，给视觉上带来一种有生机、有活力、跳跃的色彩效果，减少视觉疲劳，使人心理上产生快感。从视觉心理来说，人们需要有变化有规律的运动节奏，而厌弃单调杂乱。不同的节奏形式令人产生活泼的、优美的、庄严的、悲壮的心理感受，激发人们的感情产生共鸣。

（4）强调

在色彩设计运用中有很高的表现价值，能破除整体色调的单调平庸之感，有助于突出画面的视觉中心，加强主题的表现力。

（5）分割

为了调节两个色块因色相、明度、饱和度相似时显得对比软弱或对比过于强烈，在色块之间以另一种色加以分隔，就称之为分割。可以使对比过弱的色彩效果清晰明快，对比强的色彩和谐统一。

分割使用的色彩以无彩色的黑、白、灰为宜，易于取得鲜明、响亮而和谐的效果。

（6）渐变

多色配合的阶段性渐次变化，犹如音乐的音阶一样，使色调呈现逐渐变化的状态，渐变的色彩形式使人的视点从一端移位到另一端，具有明显的传动效果。

色相、明度、饱和度的组合渐次变化，可以产生复杂的色彩效果，具有更强的表现力度。

5.2　调整图像色调

调整图像的色调主要是对图像明暗度的调整。调整色调的命令主要有色阶、自动色阶、自动对比度、自动颜色、曲线、色彩平衡和亮度/对比度，下面进行详细介绍。

1．色阶

"色阶"表示一幅图像的高光、暗调和中间调的分布情况，并能对其进行调整。其作用和直方图控制面板相似，当一幅图像的明暗效果过黑或过白时，可以使用"色阶"命令来调整图像中各个通道的明暗程度，常用于调整黑白图像。

选择"图像→调整→色阶"命令，弹出如图 5-22 所示的"色阶"对话框，其各选项含义如下。

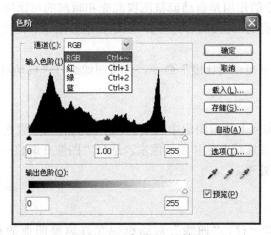

图 5-22　"色阶"对话框

- 通道：在其下拉列表框中可以选择要调整的颜色通道。若选择"RGB"主通道，如图 5-22 所示，色阶调整将对所有通道起作用。若只选择 R、G、B 通道中的一个通道，则色阶命令将只对当前所选通道起作用。
- 输入色阶：用于调整图像的暗色调、中间色调和亮度色调，其中第一个数值框设置图像的暗部色调，低于该值的像素将变为黑色，取值范围为 0～253；第二个数值框设置图像的中间色调，取值范围为 0.10～9.99；第三个数值框设置图像的亮部色调，高于该值的像素将变为白色，取值范围为 2～255；也可以通过对文本框上方的直方图上与三个文本框相对应的 3 个小三角滑标的拖动来完成调整。
- 输出色阶：输出色阶与输入色阶的功能相反。
- 载入：单击该按钮，从弹出的"载入"对话框中可载入保存过的色阶。如果用户没有保存过色阶，"载入"对话框中将没有色阶选项。
- 存储：单击该按钮将弹出"存储"对话框，并可将当前的色阶保存起来。
- 自动：单击该按钮，Photoshop 将以 0%～5%的比例调整图像的亮度，图像中最亮的像素将变为白色，最暗的像素将变为黑色。这样图像的亮度分布会更均匀，但容易造成偏色，应该慎用。
- 选项：单击该按钮将弹出"自动颜色校正选项"对话框，在该对话框中可以进行各种设置来自动校正颜色。
- 吸管工具：在"色阶"对话框中有黑、灰、白三个吸管。三个吸管的功能各不相同：使用黑色吸管是将图像中所有像素的亮度值减去吸管单击处的像素亮度值；使用灰色吸管是将图像中所有像素的亮度值加上吸管单击处的像素亮度值；使用白色吸管是用该吸管所在点中的像素灰点调整像素的色彩分布。

2．自动色阶

"自动色阶"命令的作用是自动调整图像的明暗度，它可以把图像中不正常的高光或暗调进行初步处理，而不用在"色阶"对话框中进行操作。选择"图像→调整→自动色阶"命令，可将图像进行"自动色阶"处理。

3．自动对比度

"自动对比度"命令的作用是自动调整图像高光和暗部的对比度，它可以把图像中最深的颜色加强为黑色，最亮的部分加强为白色，以达到增强图像对比度的效果，无须进行参数设置。

选择"图像→调整→自动对比度"命令，可将图像进行"自动对比度"处理。

4．自动颜色

"自动颜色"命令实际上是将图像中的暗调、中间调和亮度像素分别进行对比度和色相的调节，将中间调均化并修整白色和黑色像素。选择"图像→调整→自动颜色"命令，可将图像进行"自动颜色"处理。

5．曲线

与"色阶"对话框一样，"曲线"对话框也允许调整图像的整个色调范围，但是，

"曲线"不只是使用高光、暗调和中间调进行调整,而是可以调整 0～255 范围内的任意点,最多可以增加 14 个调节控制点,也可以使用"曲线"对图像中的个别颜色通道进行精确调整。

　　打开如图 5-23 所示的图像,选择"图像→调整→曲线"命令,弹出如图 5-24 所示的"曲线"对话框。对话框中的通道列表框、取消、载入、存储、自动及三个吸管按钮的作用与前面介绍的"色阶"对话框中的相同,下面重点介绍"曲线"对话框中特有的选项。

图 5-23　图像原图

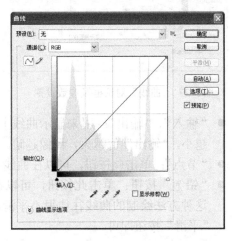

图 5-24　"曲线"对话框

● 曲线调节窗口:移动鼠标到"曲线调节窗口"中的曲线附近,待鼠标指针变成"十"字形状后,拖曳鼠标,即可改变图像的明暗度,如曲线向左上角弯曲,如图 5-25 所示,色调变亮,图像效果如图 5-26 所示;如曲线向右下角弯曲,如图 5-27 所示,色调变暗,图像效果如图 5-28 所示。"曲线调节窗口"下面的横坐标表示输入色调,"曲线调节窗口"左边的纵坐标表示输出色调。若单击横坐标中间的"反转"按钮,可反转暗调和高光显示。

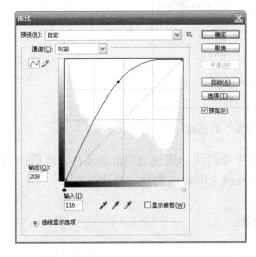

图 5-25　"曲线"对话框及参数设置

图 5-26　色调变亮后的图像

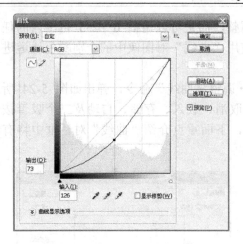

图 5-27　"曲线"对话框及参数设置　　　　　　　图 5-28　色调变暗后的图像

● "输入"、"输出"：用来显示曲线上当前控制点的"输入"、"输出"值。"输入"值越小，"输出"值越大，图像越暗。反之，图像将越亮。
● "节点"：单击此按钮，可以在曲线上增加节点，拖曳节点，会改变图像的色调。
● "铅笔"按钮：单击此按钮，可以在"曲线调节"窗口中画出所需的色调曲线。用这种方法绘制的曲线往往很不平滑，要想克服这个问题，在"曲线"对话框中单击"平滑"按钮即可。

6．色彩平衡

"色彩平衡"命令主要用于调整图像的暗调、中间调和高光的总体色彩平衡，虽然"曲线"命令也可以实现此功能，但该命令使用起来更加方便快捷。

选择"图像→调整→色彩平衡"命令，弹出如图 5-29 所示的"色彩平衡"对话框，其各选项含义如下。

图 5-29　"色彩平衡"对话框

● 色阶：共有 3 个文本框，它们分别对应 3 个滑块。通过调整滑块或在文本框中输入数值就可以控制 CMY 三原色到 RGB 三原色之间对应的色彩变化。
● 阴影：选中之后可调节暗色调的像素。
● 中间调：选中之后可调节中间色调的像素。
● 高光：选中之后可调节亮色调的像素。
● 保持明度：选中时可在进行色彩平衡调整时维持图像的整体亮度不变。

7. 亮度/对比度

"亮度/对比度"命令可以调整图像的亮度和对比度，该命令只能对图像进行整体调整，不能对单个通道进行调整。虽然使用"色阶"和"曲线"命令都能调整亮度和对比度，但它们较难理解且使用比较复杂，不如使用"亮度/对比度"简单直接。

选择"图像→调整→亮度/对比度"命令，弹出如图 5-30 所示的"亮度/对比度"对话框，其各选项含义如下。

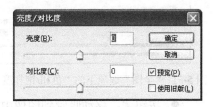

图 5-30　"亮度/对比度"对话框

- 亮度：在后面的文本框中输入数值，或拖动下面的滑块，可以调整图像的亮度。当输入的数值为负时，将降低图像的亮度；当输入的数值为正时，将增加图像的亮度；当输入的数值为 0 时，图像无变化。若勾选"使用旧版"复选框，"亮度"值范围为–100～100；若不勾选该复选框，"亮度"值范围为–150～150。
- 对比度：在后面的文本框中输入数值，或拖动下面的滑块，可以调整图像的对比度。当输入的数值为负时，将降低图像的对比度；当输入的数值为正时，将增加图像的对比度；当输入的数值为 0 时，图像无变化。若勾选"使用旧版"复选框，"对比度"值范围为–100～100；若不勾选该复选框，"对比度"值范围为–50～100。

5.3　调整图像色彩

调整图像的色彩是指对图像的色相、饱和度、亮度和对比度进行调整。调整图像色彩的命令主要有色相/饱和度、去色、匹配颜色、替换颜色、可选颜色、通道混合器、渐变映射、照片滤镜、阴影/高光、曝光度和变化，下面进行详细介绍。

1. 色相/饱和度

"色相/饱和度"命令主要用来调整图像像素的色相、饱和度和明暗度，同时还可以通过给像素指定新的色度和饱和度实现给灰度图像染上色彩的功能。

选择"图像→调整→色相/饱和度"命令，弹出如图 5-31 所示的"色相/饱和度"对话框，其各选项含义如下。

- 编辑：设置当前调整的目标通道。
- 色相：调整图像或图像中目标通道的色相（范围为–180～180）。
- 饱和度：调整图像或图像中目标通道的饱和度（范围为–100～100）。
- 明度：调整图像或图像中目标通道的明暗度（范围为–100～100）。
- ✐ ✐ ✐：这几个吸管都是用来改变图像的色彩变化范围的。当选中"全图"选项之外的选项时，对话框中的三个吸管按钮可以使用，如图 5-32 所示，并且在吸管左侧显示了 4 个数值，这 4 个数值分别对应于其下方颜色条上的 4 个游标，三个吸管是为改变图像的色彩范围而设的，具体功能如下。

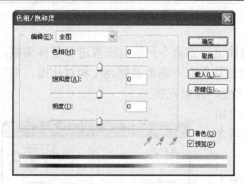

图 5-31　"全图"选项下的"色相/饱和度"对话框　　　图 5-32　"绿色"选项下的"色相/饱和度"对话框

- 按钮 ✎：移动吸管到图像中单击，可将单击处的颜色作为色彩变化的范围。
- 按钮 ✎：移动吸管到图像中单击，可增加当前点击的颜色范围到现有的色彩变化范围。
- 按钮 ✎：移动吸管到图像中单击，可在原有的色彩范围上删减当前单击的颜色范围。
- 着色：当勾选此复选框后，可将当前图像或当前图像中的目标选择区调整为某种单一的颜色，对图 5-33 进行"着色"处理，得到如图 5-34 所示的效果。

图 5-33　原图　　　　　　　　　图 5-34　选中"着色"复选框后的效果图

2. 去色

"去色"命令是在保持图像的原始色彩模式不会发生改变的情况下，将图像的颜色去掉，得到灰度模式下的效果。

打开图 5-35，选择"图像→调整→去色"命令，效果如图 5-36 所示。

图 5-35　原图　　　　　　　　　图 5-36　选中"去色"命令后的效果图

3. 匹配颜色

"匹配颜色"命令主要用来将当前图像的明暗度和颜色强度复制到另外的图像中，使图像与图像之间达到一致的外观。

选择"图像→调整→匹配颜色"命令，弹出如图 5-37 所示的对话框，根据需要调整对话框中的参数。

4. 替换颜色

"替换颜色"命令主要用来将图像中的某种颜色替换成其他的颜色，同时还可以对替换的颜色进行色相、饱和度和明度等属性的设置。

选择"图像→调整→替换颜色"命令，弹出对话框，如图 5-38 所示。该选项组的各游标的功能与"色相/饱和度"对话框中的各个功能相同，而此处对所有颜色通道都起作用，相当于在"色相/饱和度"对话框中选择了"全图"选项。

图 5-37 "匹配颜色"对话框

图 5-38 "替换颜色"对话框

5. 可选颜色

"可选颜色"命令主要用来对某种颜色进行有针对性的修改，而且还不影响其他的颜色。

选择"图像→调整→可选颜色"命令，弹出如图 5-39 所示的"可选颜色"对话框，其各选项含义如下。

- 颜色：单击右侧的下拉按钮，在弹出的下拉列表中可以选择要进行校正的颜色，共 9 个选项，分别是红色、黄色、绿色、青色、蓝色、洋红、白色、中性色和黑色。
- 方法：设置颜色的调整方式，如选中"相对"单选按钮的意思是依据原来的 CMYK 值的总数量来计算百分比，而选中"绝对"单选按钮的意思是以某个绝对的颜色值进行可选颜色的调整。

6. 通道混合器

"通道混合器"命令主要用来改变某一通道中的颜色，并混合到主通道中产生一种图像合成的效果。

选择"图像→调整→通道混合器"命令，弹出如图 5-40 所示的"通道混合器"对话框，其各选项含义如下。

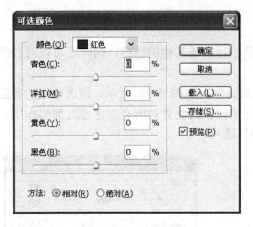

图 5-39 "可选颜色"对话框   图 5-40 "通道混合器"对话框

- 输出通道：在该下拉列表中可选择需要调整的目标通道，并在选中的目标通道中混合一个或多个现有通道。
- "源通道"滑块：调整各输出通道所含颜色数量（范围-200～200）。
- "常数"滑块：改变当前指定通道的不透明度值。负值时，通道的颜色偏向黑色；正值时，通道颜色偏向白色。
- 单色：勾选此选项，可以将彩色图像变成单色的灰度图像。

7. 渐变映射

"渐变映射"命令主要用来在图像上蒙上一种指定的渐变图，以产生一种特殊的效果。

选择"图像→调整→渐变映射"命令，弹出如图 5-41 所示的"渐变映射"对话框，其各选项含义如下。

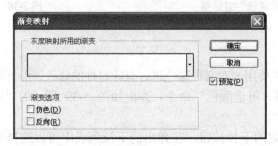

图 5-41 "渐变映射"对话框

- 灰度映射所用的渐变：单击此渐变条，可以在弹出的"渐变编辑器"中选择和编辑渐变颜色。

- 仿色：勾选此复选框，可为渐变映射后的图像任意增加一些小杂点，使渐变映射效果的过渡显得更为平滑。
- 反向：勾选此复选框，可将渐变映射后的图像颜色完全反转过来，此时图像呈负片效果。

8．照片滤镜

"照片滤镜"命令主要用于模仿在相机镜头前加彩色滤镜，以便调整通过镜头传输的光的色彩平衡和色温。

选择"图像→调整→照片滤镜"命令，弹出如图 5-42 所示的"照片滤镜"对话框，其各选项含义如下。

- 滤镜：在该下拉列表中可选择一种自定义的滤镜颜色。
- 颜色：单击颜色块，可以在弹出的拾色器中自定义过滤器的颜色。
- 浓度：调整当前颜色通道或颜色的浓度，即饱和度。

9．阴影/高光

"阴影/高光"命令主要用来调整当前图片的整体色调分布情况。

选择"图像→调整→阴影/高光"命令，弹出如图 5-43 所示的"阴影/高光"对话框，其各选项含义如下。

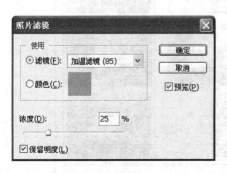

图 5-42 "照片滤镜"对话框

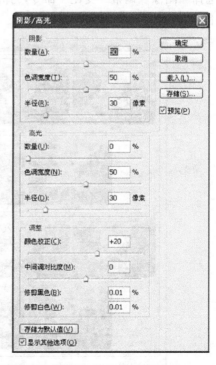

图 5-43 "阴影/高光"对话框

- "阴影数量"滑块：调整图像阴影的程度，取值范围为 0%～100%（图像默认的阴影数量值为 50%）。

● "高光数量"滑块：调整图像明亮的程度，取值范围为 0%～100%（图像默认的高光数量值为 0%）。

10. 曝光度

"曝光度"命令主要用来调整 HDR（32 位）图像的色调（也可用于 8 位和 16 位）。

选择"图像→调整→曝光度"命令，弹出如图 5-44 所示的"曝光度"对话框，其各选项含义如下。

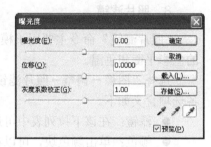

● "曝光度"滑块：调整色调范围的高光区域，对极限阴影的影响很小。

● "位移"滑块：使阴影和中间色调变暗，对高光的影响很小。

● "灰度系数校正"滑块：使用简单的乘方函数调整图像灰度系数，即使值为负，仍然会被调整，就像它们是正值一样。

图 5-44 "曝光度"对话框

11. 变化

"变化"命令主要用来在调整图像、选择区范围或图层的色彩平衡、对比度和饱和度的同时精确地查看当前调整的变化效果。

选择"图像→调整→变化"命令，弹出如图 5-45 所示的"变化"对话框，其各选项含义如下。

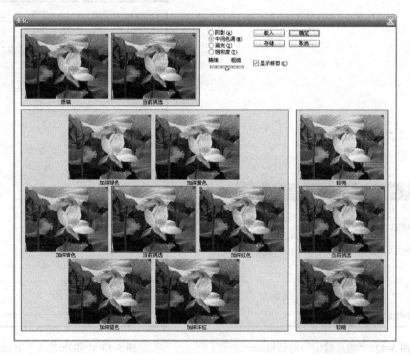

图 5-45 "变化"对话框

● 对话框左上角的两个缩览图用于对比调整前、后的图像效果，其中，"原稿"表示原始的图像，"当前挑选"表示调整后的图像效果。

- "阴影"单选按钮：选择此按钮，表示将调节暗调色区域。
- "中间色调"单选按钮：选择此按钮，表示将调节中间色调区域。
- "高光"单选按钮：选择此按钮，表示将调节高光区域。
- "饱和度"单选按钮：选择此按钮，表示将调整图像饱和度。
- "粗细、粗糙"滑杆：调节中间的三角滑块，将决定每次添加色彩的程度。滑块越靠近左侧，每次点击色彩缩略图，色彩的变化越细微；滑块越靠近右侧，每次点击色彩缩略图，色彩的变化越明显、越粗糙。
- "显示修剪"复选框：勾选此复选框，可以显示图像的溢色区域，可避免调整后出现溢色的现象。

5.4　其他调整命令的使用

色调和色彩特殊调整的命令有"反相"、"色调均化"、"阈值"及"色调分离"4 个命令。虽然其他命令也能实现这 4 个命令的功能，但在执行时没有这些命令简单直接。

1．反相

"反相"命令能把图像的色彩反相，转换为负片，或者将负片还原为图像。

选择"图像→调整→反相"命令，可将图 5-46 反转成如图 5-47 所示的效果。若连续执行两次"反相"命令，则图像先反色后还原。

图 5-46　原图　　　　　　　　　　　图 5-47　"反相"后的效果图

2．色调均化

"色调均化"命令主要用来重新分配图像中各像素的亮度值，将最暗的像素变为黑色，最亮的像素变为白色，中间像素均匀分布到相应的灰度上，这样可以让色彩分布更加均匀。

打开图像后，选定需要处理图像的范围，可以是整个图像，也可以是图像的一部分。如果选取图像的部分范围，执行"图像→调整→色调均化"命令，弹出如图 5-48 所示的对话框，其各选项含义如下。

图 5-48 "色调均化" 对话框

- 仅色调均化所选区域：选择此项时，色调均化仅对选取范围中的图像起作用。
- 基于所选区域色调均化整个图像：选择此项时，色调均化就以选取范围中的图像最亮和最暗的像素为基准使整幅图像的色调平均化。

3．阈值

"阈值" 命令主要用来将一幅彩色图像或灰度图像转换成只有黑白两种颜色的高对比度图像。该命令会根据图像像素的亮度值把它们一分为二，一部分用黑色表示，另一部分用白色表示，其黑白像素的分配由 "阈值" 对话框中的 "阈值色阶" 选项来指定，其变化范围为 1～255。

执行 "图像→调整→色调均化" 命令，弹出如图 5-49 所示的 "阈值" 对话框。

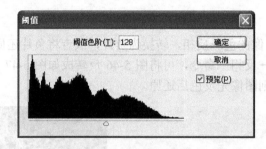

图 5-49 "阈值" 对话框

4．色调分离

"色调分离" 命令主要用来将色彩的色调数减少，制作出色调分离的特殊效果。

执行 "图像→调整→色调分离" 命令，弹出如图 5-50 所示的 "色调分离" 对话框。

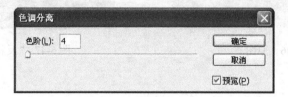

图 5-50 "色调分离" 对话框

该命令与 "阈值" 命令的功能类似，阈值命令在任何情况下都只考虑两种色调，而 "色调分离" 命令可以指定色调为 2～255 之间的任何一个值。色阶值越小，图像色彩变化越剧烈；色阶值越大，色彩变化越微小。对图 5-51 进行 "色调分离" 处理，图 5-52 为 "色阶" 为 2 时的效果，图 5-53 为 "色阶" 为 4 时的效果。

图 5-51　原图

图 5-52　"色阶"为 2 时的效果

图 5-53　"色阶"为 4 时的效果

思考与实训

一、填空题

1．色调是一幅画的_____，是上升到一种艺术高度的色彩概括。在所有的图像色彩处理命令中，一般使用_____、_____和_____等命令对图像的色调进行调整。

2．亮度是指色彩_____ 。在所有的图像色彩处理命令中，一般使用_____和_____等命令对图像的亮度进行调整。

3．饱和度又称_____，是指色彩的_____，它表示纯色中灰色成分的相对比例，用 0%～100%的百分数来衡量，_____的颜色饱和度最高，_____饱和度最低。

4．对比度是指_____。两种颜色之间的差异越大，对比度就_____。如红对绿、黄对紫、蓝对橙是 3 组对比度较大的颜色，_____和_____是对比度最大的颜色。

5．"色阶"表示一幅图像的_____分布情况，并能对其进行调整。

6．"自动对比度"命令的作用是自动调整图像_____和_____的对比度，它可以把图像中最深的颜色加强为_____，最亮的部分加强为_____，以达到增强图像对比度的效果。

7．"色相/饱和度"命令主要用来调整图像像素的_____，同时还可以通过给像素指定新的色度和饱和度实现给_____染上色彩的功能。

8．"匹配颜色"命令主要用来将当前图像的_____复制到另外的图像中，使图像与图像之间达到一致的外观。

9．"变化"命令主要用来在调整图像、选择区范围或图层的_____的同时精确地查看当前调整的变化效果。

10．"阈值"命令主要用来将一幅彩色图像或灰度图像转换成只有黑白两种颜色的高对比度图像。该命令会根据图像像素的亮度值把它们一分为二，一部分用_____表示，另一部分用_____表示，其黑白像素的分配由"阈值"对话框中的"阈值色阶"选项来指定，其变化范围为_____。

二、操作题

1. 根据提供的素材图片"昏暗的森林.jpg"，如图 5-54 所示，利用"曲线"命令，完成如图 5-55 所示的效果。

> **提示：**利用菜单"图像→调整→曲线"命令。

图 5-54　素材图片　　　　　　　　　　　　图 5-55　效果图

2. 根据提供的素材图片"桥.jpg"，如图 5-56 所示，调整图像的色调与色彩，完成如图 5-57 所示的效果。

> **提示：**利用菜单"图像→调整→去色"命令及"图像→调整→曲线"命令。

图 5-56　素材图片　　　　　　　　　　　　图 5-57　效果图

第 6 章 综合实训

案例 19 荷花特效

案例描述

通过调色，使图 6-1 变成如图 6-2 所示的效果。

图 6-1 原图   图 6-2 效果图

案例分析

- 通过复制粘贴通道，快速减少图片的色彩。
- 通过创建"可选颜色"、"色相/饱和度"、"曲线"、"渐变映射"及"通道混合器"调整图层，综合调整色调。

操作步骤

（1）打开如图 6-1 所示的素材图像文件"荷花.jpg"，按"Ctrl + J"组合键复制背景图层，然后单击通道面板，选择绿色通道，按"Ctrl + A"组合键全选，按"Ctrl + C"组合键复制；选择蓝色通道，按"Ctrl + V"组合键粘贴；回到图层面板，按"Ctrl + D"组合键取消选择，效果如图 6-3 所示。

图 6-3　调整后的效果

（2）单击图层面板下方的"创建新的填充或调整图层"按钮 ⬤，在弹出的菜单中选择"可选颜色"命令，在如图 6-4 所示的"可选颜色选项"对话框中，对红色及白色分别进行调整，其青色、洋红、黄色、黑色的值分别为–32、46、–19、0 及 0、0、29、0，效果如图6-5 所示。

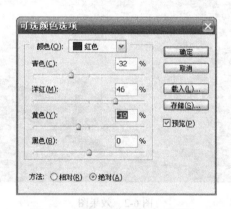

图 6-4　"可选颜色选项"对话框

图 6-5　调整"可选颜色"后的效果

（3）单击图层面板下方的"创建新的填充或调整图层"按钮 ⬤，在弹出的菜单中选择"色相/饱和度"命令，在如图 6-6 所示"色相/饱和度"对话框中对青色进行调整，其色相、饱和度、明度值分别为–7、0、–54，效果如图 6-7 所示。

图 6-6　"色相/饱和度"对话框

图 6-7　调整"色相/饱和度"后的效果

（4）根据（2）、（3）步骤的方法创建"曲线"调整图层，并对红色及蓝色通道进行调整：红色通道曲线上中间两点的输入/输出值自左至右分别为 186/193、82/64，如图 6-8 所示；蓝色通道曲线上两点的输入/输出值分别为 0/26、255/230，效果如图 6-9 所示。

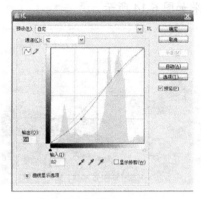

图 6-8 "曲线"对话框

图 6-9 调整"曲线"后的效果

（5）创建"曲线"调整图层，对蓝色通道进行调整，曲线上各点的输入/输出值分别为 0/45、206/254，效果如图 6-10 所示。

图 6-10 再次调整"曲线"后的效果

（6）按"Ctrl + Alt + Shift + E"组合键盖印图层，把图层混合模式设为"正片叠底"，效果如图 6-11 所示。

（7）单击图层面板下方的"添加图层蒙版"按钮，添加图层蒙版，用黑色画笔把荷花、部分荷叶及水鸟擦出来，效果如图 6-12 所示。

图 6-11 "正片叠底"效果

图 6-12 擦除后的效果

（8）单击图层面板下方的"创建新的填充或调整图层"按钮 ，在弹出的菜单中选择"渐变映射"命令，在如图 6-13 所示的"渐变映射"对话框中，单击色条，在"渐变编辑器"对话框中选择预设的黑白渐变，单击"确定"按钮。再次单击"确定"按钮，把图层混合模式改为"柔光"，图层不透明度值改为 50%，效果如图 6-14 所示。

图 6-13　"渐变映射"对话框　　　　　　　　　　图 6-14　调整后的效果

（9）按"Ctrl + Alt + Shift + E"组合键盖印图层，执行"滤镜→模糊→高斯模糊"命令，在弹出的如图 6-15 所示的"高斯模糊"对话框中，设置半径为 5，单击"确定"按钮，修改图层混合模式为"变亮"，效果如图 6-16 所示。

图 6-15　"高斯模糊"对话框　　　　　　　　　　图 6-16　调整后的效果

（10）添加图层蒙版，用黑色画笔把荷花、部分荷叶及水鸟擦出来，效果如图 6-17 所示。

（11）按"Ctrl + Alt + Shift + E"组合键盖印图层，执行"滤镜→模糊→高斯模糊"命令，半径设为 5，确定后将图层混合模式改为"滤色"，图层不透明度值改为 60%。按住"Alt"键添加图层蒙版，然后用白色画笔把需要调亮的部分涂出来，效果如图 6-18 所示。

图 6-17　擦除后的效果　　　　　　　　　　　　图 6-18　调整后的效果

（12）单击图层面板下方的"创建新的填充或调整图层"按钮 ，在弹出的菜单中选择"通道混合器"命令，弹出如图 6-19 所示"通道混合器"对话框，对蓝色通道进行调整，其源通道的红色、绿色、蓝色值分别为 76、0、100，效果如图 6-20 所示。

图 6-19 "通道混合器"对话框　　　　　　　　　图 6-20 调整后的效果

（13）按"Ctrl + Alt + Shift + E"组合键盖印图层，图层混合模式设置为"正片叠底"，图层不透明度设为 40%，效果如图 6-21 所示。

（14）按"Ctrl + Alt + Shift + E"组合键盖印图层，用"加深工具" ，把图片边角部分稍微涂暗一点，然后新建一个图层，用白色画笔点一些小点，效果如图 6-22 所示。

图 6-21 调整后的效果　　　　　　　　　图 6-22 调整后的效果

（15）选择"锐化工具" ，适当锐化，最终效果如图 6-2 所示。

（16）执行"文件→存储"命令，保存文件。

案例 20 　梦幻照片

 案例描述

给宝宝照片加上梦幻效果，效果如图 6-23 所示。

图 6-23　效果图

 案例分析

● 通过"滤镜"、"渐变"、图层混合模式和调色修饰背景。

● 通过"渐变"、"滤镜"制作彩虹。

● 通过"自由变换"、图层蒙版、调色三图合一，调整整体效果。

操作步骤

（1）打开如图 6-24 所示的素材图像文件"草地.jpg"，执行"滤镜→模糊→高斯模糊"命令，在弹出的如图 6-25 所示"高斯模糊"对话框中，将半径设为 5，效果如图 6-26 所示。

图 6-24　草地

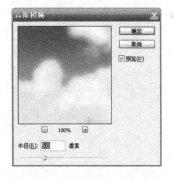

图 6-25　"高斯模糊"对话框　　　　　图 6-26　"高斯模糊"后的效果

（2）新建图层 1，选择"渐变工具" ，在如图 6-27 所示的"渐变编辑器"中编辑颜色，自左至右游标的值分别为#0A2F59、#783473、#E00D65，在图层 1 中由下而上拉出如图 6-28 所示的渐变，确定后把图层混合模式改为"变亮"，效果如图 6-29 所示。

图 6-27 "渐变编辑器"对话框

图 6-28 "渐变"后的效果

图 6-29 "变亮"后的效果

（3）单击图层面板下方的"创建新的填充或调整图层"按钮 ，在弹出的菜单中选择"亮度/对比度"命令，将对比度的值设为 30，如图 6-30 所示。

（4）单击图层面板下方的"创建新的填充或调整图层"按钮 ，在弹出的菜单中选择"曲线"命令，分别对红、绿、蓝三通道进行如下设置：红色

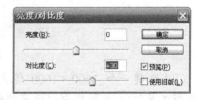

图 6-30 "亮度/对比度"对话框

通道曲线上中间两点的输入/输出值自左至右分别为 115/40、208/201，如图 6-31 所示；绿色通道中间点的输入/输出值为 119/162；蓝色通道中间点的输入/输出值为 109/158。调整后的效果如图 6-32 所示。

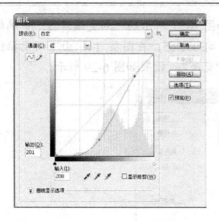 

图 6-31 "曲线"对话框　　　　　　图 6-32 调整"曲线"后的效果

（5）新建图层 2，选择"椭圆选框工具" ◯ 绘制椭圆选区，如图 6-33 所示，按"Ctrl＋Alt＋D"组合键羽化，羽化半径设为 55，如图 6-34 所示。

图 6-33 绘制椭圆后的效果　　　　　　图 6-34 "羽化选区"对话框

（6）选择"油漆桶工具" 🪣，将椭圆选区填充为白色，按"Ctrl＋D"组合键取消选区，效果如图 6-35 所示。

图 6-35 填充后的效果

（7）新建一个 1600×1600 像素的文件，背景填充为白色，然后新建一个图层，用"矩形选框工具" 在图层中心位置绘制一个矩形，并利用"渐变工具" 绘制彩虹渐变，效果如图 6-36 所示。

图 6-36 彩虹

（8）执行"滤镜→像素化→马赛克"命令，在弹出的如图 6-37 所示的"马赛克"对话框中，设置单元格大小为 45，效果如图 6-38 所示。

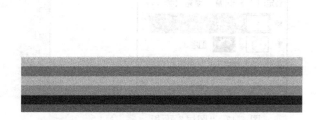

图 6-37 "马赛克"对话框　　　　　　　　　　图 6-38 "马赛克"效果

（9）执行"滤镜→扭曲→极坐标"命令，在弹出的如图 6-39 所示的"极坐标"对话框中，选择"平面坐标到极坐标"单选按钮，数值设为 20%，效果如图 6-40 所示。

图 6-39 "极坐标"对话框　　　　　　　　　图 6-40 彩虹效果

（10）把"彩虹"拖到"草地"文件中，自动生成图层 3，执行"编辑→自由变换"命令适当调整其大小。选择图层面板下方的"添加图层蒙版"按钮 ，为图层 3 添加蒙版，用黑色画笔擦掉不需要的部分，并将图层 3 的不透明度值设为 13%，图层面板如图 6-41 所示，图像效果如图 6-42 所示。

图 6-41 "图层"面板　　　　　　　　　　图 6-42 调整后的效果

（11）打开素材图像文件"宝宝.psd"，选择"宝宝"图层，将其拖曳到"草地"文件中，自动生成图层 4，如图 6-43 所示。通过"编辑→自由变换"命令适当调整其大小，通过"移动工具" 将其移动到适当位置，如图 6-44 所示。

图 6-43　"图层"面板

图 6-44　调整后的效果

（12）选择图层 4，执行"图像→调整→亮度/对比度"命令，在弹出的如图 6-45 所示的"亮度/对比度"对话框中，将宝宝的亮度值设为+15，对比度值设为+38，效果如图 6-46 所示。

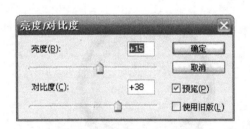

图 6-45　"亮度/对比度"对话框

图 6-46　调整"亮度/对比度"后的效果

（13）执行"图像→调整→曲线"命令，分别调整红、蓝、RGB 通道的输入/输出值：红色通道的中间点的输入/输出值为 179/156，如图 6-47 所示；蓝色通道的中间点的输入/输出值为 140/179；RGB 通道的中间点的输入/输出值为 153/170。图像效果如图 6-23 所示。

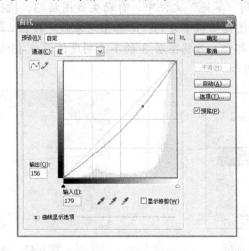

图 6-47　"曲线"对话框

（14）执行"文件→存储"命令，保存文件。

 知识拓展

（1）在"曲线"命令对话框中，按"Alt"键后单击曲线框，可以使格线更精细，再单击鼠标可恢复原状；按住"Shift"键并单击控制点可选择多个控制点；按住"Ctrl"键并单击某一控制点可将该点删除。

（2）抠图是 Photoshop 的基本操作。路径适合做边缘整齐的图像，魔棒适合做颜色单一的图像，套索适合做边缘清晰一致且能够一次完成的图像，通道适合做影调能够区分的图像。而对于那些边缘复杂、块面很碎、颜色丰富、边缘清晰度不一、影调跨度大的图像，最好是用蒙版来做。

（3）把选择区域或层从一个文档拖向另一个时，按住"Shift"键可以使其在目的文档上居中。如果源文档和目的文档的大小（尺寸）相同，被拖动的元素会被放置在与源文档位置相同的地方（而不是放在画布的中心）。如果目的文档包含选区，所拖动的元素会被放置在选区的中心。

案例 21 绿茶包装

 案例描述

为裸易拉罐设计包装，使图 6-48 变成如图 6-49 所示的效果。

图 6-48 原图　　　　　　　　图 6-49 效果图

 案例分析

● 添加底图并通过参考线调整其大小。
● 输入文字，创建文字变形，并通过路径修改文字。

● 使用文字创建剪贴蒙版，并为文字图层添加样式。
● 通过智能对象调整变形，通过添加图层蒙版合成效果图。

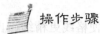操作步骤

（1）打开如图 6-48 所示的素材图像文件"裸易拉罐.jpg"，执行"视图→标尺"命令，在图像窗口的顶端和左边显示标尺。从左标尺拖曳一条垂直参考线到易拉罐左边靠近边缘的位置上，如图 6-50 所示，依此类推，建立其他参考线，如图 6-51 所示。

图 6-50　添加左侧参考线的效果　　　　　图 6-51　添加全部参考线的效果

（2）打开如图 6-52 所示的素材图像文件"茶叶.jpg"，将"茶叶"图层拖曳到"裸易拉罐"文件中，关闭"茶叶.jpg"文件，效果如图 6-53 所示，图层面板如图 6-54 所示。

图 6-52　茶叶原图　　　　　　　图 6-53　复制图层后的效果

（3）执行"编辑→自由变换"命令，通过拖动变换框四周的箭头，使图层 1 执行自由变换，最终使得素材适合参考线，如图 6-55 所示。

图 6-54 "图层"面板   图 6-55 "自由变换"后的效果

（4）选择"横排文字工具" **T**，输入文字"绿茶"，并设置文字的字体为"黑体"，字号大小为 36 点，如图 6-56 所示。

（5）再次选择"横排文字工具" **T**，在"绿茶"的下方输入文字"Green Tea"，并设置文字的字体为"Airal Black"，字号大小为 14 点，如图 6-57 所示。

图 6-56 输入"绿茶"   图 6-57 输入"Green Tea"

（6）在图层面板中选中图层"Green Tea"，选择"横排文字工具" **T**，在工具选项栏中单击"创建文字变形"按钮 ，将弹出如图 6-58 所示的"变形文字"对话框，在"样式"下拉列表中选择"旗帜"，设置为"水平"方向，弯曲为 25%，效果如图 6-59 所示。

图 6-58 "变形文字"对话框   图 6-59 文字变形后的效果

（7）选择图层"绿茶"，执行"图层→文字→创建工作路径"命令，并在如图 6-60 所示的图层面板中将"绿茶"图层隐藏，效果如图 6-61 所示。

图 6-60　"创建工作路径"后的效果

图 6-61　"图层"面板

（8）选择"钢笔工具" ，在工具选项栏中单击"从路径区域减去" 按钮，用"钢笔工具"在图中勾勒出如图 6-62 所示的路径，路径的波浪弧度要与"Green Tea"文字的弧度一致。

（9）选择"路径选择工具" .将所有路径都选中，单击工具栏中的"从形状区域减去" 按钮，再单击"组合" 组合 按钮，路径被修改成如图 6-63 所示的形状。

图 6-62　添加"路径"后的效果

图 6-63　"组合"后的效果

（10）执行"图层→新建填充图层→纯色"命令，弹出如图 6-64 所示的"新建图层"对话框，设定图层名称为"绿茶"，单击"确定"按钮。在弹出的如图 6-65 所示的"拾色器"对话框中，再次单击"确定"按钮，得到一个新的填充图层"绿茶"，如图 6-66 所示，效果如图 6-67 所示。

图 6-64　"新建图层"对话框

图 6-65　"拾色器"对话框

图 6-66 “图层”面板

图 6-67 “绿茶”文字效果

（11）打开素材图像文件“水珠.jpg”，将“水珠”图层拖曳到“裸易拉罐”文件中，并将其移至“Green Tea”图层上方，如图 6-68 所示，关闭“水珠.jpg”文件，效果如图 6-69 所示。

图 6-68 “图层”面板

图 6-69 复制“水珠”图层后的效果

（12）选中图层 2，执行“图层→创建剪贴蒙版”命令，并移动图层 2 和“Green Tea”图层图像，预览得到满意的剪贴蒙版效果 ，效果如图 6-70 所示。

（13）打开素材图像文件“茶花.jpg”，参照（11）、（12）步骤，为“绿茶”图层制作剪贴蒙版，效果如图 6-71 所示。

图 6-70 “剪贴蒙版”效果

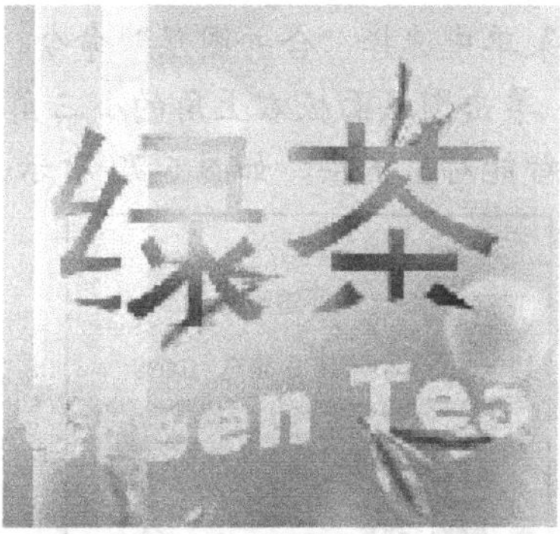

图 6-71 “剪贴蒙版”效果

（14）选择“Green Tea”图层，单击图层调板下方的“添加图层样式”按钮 *fx*，在弹出的菜单中选择“外发光”命令，弹出如图 6-72 所示“图层样式”对话框，设置其混合模式为"滤色",不透明度值为83%,效果如图6-73所示。

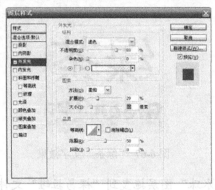

图6-72   "图层样式"面板   图6-73   "外发光"效果

（15）在图层调板中,按住"Alt"键的同时,拖曳图层"Green Tea"后面的 *fx* 小图标到"绿茶"图层上,"Green Tea"图层样式就被复制到"绿茶"图层上,效果如图6-74所示。

（16）选择"横排文字工具" T,在图层 1 的左下角输入文字"净含量 375 毫升",并设置字体为"黑体",字号为10点,颜色为白色,效果如图6-75所示。

图6-74   复制样式后的效果   图6-75   效果图

（17）在图层调板中,按住"Shift"键选中除背景以外的所有图层,在其上右击,在弹出的快捷菜单中选择"合并图层"命令,并将新图层命名为"文字设计",如图6-76所示。

（18）单击图层面板右上角的小三角,在弹出的下拉菜单中选择"转换为智能对象"命令,得到智能对象图层,如图6-77所示。

图6-76   "合并图层"后的效果   图6-77   "转换为智能对象"后的图层面板

（19）为了更好地将智能对象变形以适应易拉罐的形状，将"文字设计"图层的不透明度值改为 50%，并执行"编辑→变换→变形"命令，如图 6-78 所示。

（20）单击水平网格的中线，向下拖曳，调整各个端点句柄的位置，以适应易拉罐的形状，如图 6-79 所示。单击工具选项栏中的 ✔ 按钮，效果如图 6-80 所示。

图 6-78　变形　　　　　　　图 6-79　变形　　　　　　　图 6-80　变形效果

（21）选择"钢笔工具" ✒，工具选项栏设置如图 6-81 所示，将易拉罐的外形勾勒出来，效果如图 6-82 所示。

图 6-81　钢笔选项

（22）在路径面板中单击"将路径作为选区载入"按钮 ⊙，将路径转换为选区；在图层调板中选中图层"文字设计"，单击"添加图层蒙版"按钮 ▣，选区作为图层蒙版的形状添加到"文字设计"图层上，效果如图 6-83 所示。

图 6-82　易拉罐外形　　　　　　　　图 6-83　"添加图层蒙版"后的效果

（23）将图层"文字设计"的不透明度值改为 100%，图层混合模式改为"叠加"，删除参考线，最终效果如图 6-49 所示。

（24）执行"文件→存储"命令，保存文件。

案例 22　　古典折扇

案例描述

根据介绍的绘制折扇的方法，完成如图 6-84 所示的古典折扇效果。

图 6-84　效果图

案例分析

- 通过"钢笔工具"、"油漆桶工具"、"多边形套索工具"、调色命令和"变换"等制作扇面。
- 通过"钢笔工具"、"样式"、"变换"和"水平翻转"等制作扇骨和骨钉。
- 通过"变形"、图层混合模式及修改不透明度值等美化扇面及整体效果。

操作步骤

（1）执行"文件→新建"命令（或按"Ctrl+N"组合键），新建一个文件，参数设置如图 6-85 所示。

（2）新建图层 1，执行"视图→显示→网格"命令，并将编辑窗口左下角状态栏中的值改为 100%，让图像 100%显示，如图 6-86 所示。

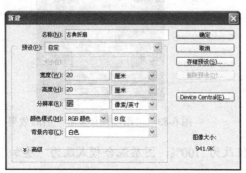

图 6-85　"新建"文件对话框

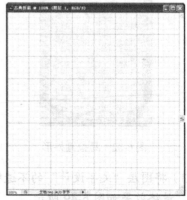

图 6-86　调整后的效果

（3）选择"钢笔工具" ，在选项栏中按下"路径" 和"添加到路径区域" 按钮，绘制如图 6-87 所示的路径。

（4）切换到路径面板，选择"工作路径"，单击面板下方的"将路径作为选取载入"按钮 ，将路径转换为选区，效果如图 6-88 所示。

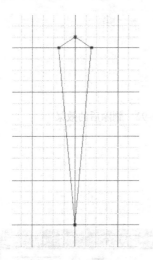

图 6-87 路径

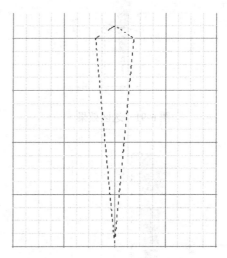

图 6-88 选区

（5）将前景色设为灰色（#969196），使用"油漆桶工具" 将选区填充颜色，按"Ctrl+D"组合键取消选区，效果如图 6-89 所示。

（6）新建图层 2，选择"画笔工具" ，在工具选项栏中选择"尖角 9 像素"，在如图 6-90 所示的位置上点一个圆点。

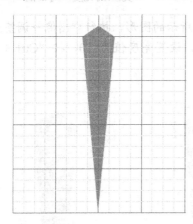

图 6-89 填充后的效果

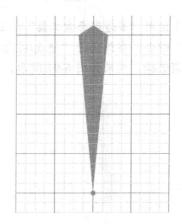

图 6-90 效果图

（7）选择图层 1，用"多边形套索工具" 选中如图 6-91 所示的图形，然后按"Delete"键删除选区内容，按"Ctrl+D"组合键取消选区，效果如图 6-92 所示。

（8）选择"多边形套索工具" 选中如图 6-93 所示的图形，执行"图像→调整→亮度/对比度"命令，在弹出的如图 6-94 所示"亮度/对比度"对话框中，设置亮度值为-50，按"Ctrl+D"组合键取消选择，效果如图 6-95 所示。

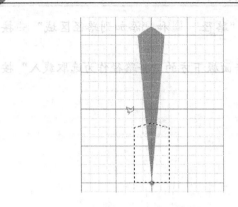

图 6-91　选区效果

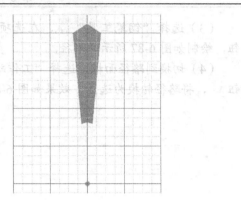

图 6-92　删除后的效果

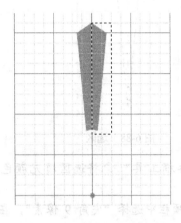

图 6-93　选区

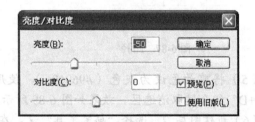

图 6-94　"亮度/对比度"对话框

（9）使用"多边形套索工具" 选中如图 6-96 所示的图形，执行"图像→调整→亮度/对比度"命令，在弹出的"亮度/对比度"对话框中，设置亮度值为-50，按"Ctrl + D"组合键取消选择，效果如图 6-97 所示。

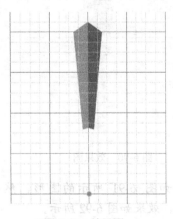

图 6-95　效果图

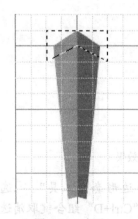

图 6-96　选区

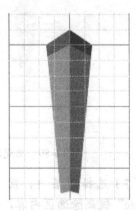

图 6-97　效果图

（10）选择"移动工具" ，移动图层 1 和图层 2，使图像显示在整个页面的左上角，如图 6-98 所示。

（11）在图层面板中，选择图层 1 并将其拖曳到"创建新图层"图标 🖻 上，生成图层 1 副本，按"Ctrl+T"组合键对图层 1 副本进行自由变换，注意把中心控制点移动到图层 2 的圆点上，调整图层 1 副本到如图 6-99 所示的位置。

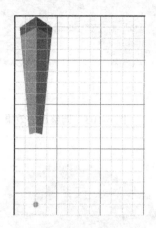

图 6-98　移动后的效果

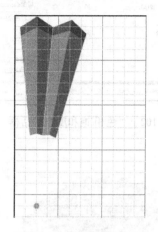

图 6-99　调整后的效果

（12）按"Shift+Ctrl+Alt+T"组合键，进行多次变换，效果如图 6-100 所示，然后删除图层 2。

（13）在图层面板中，关闭背景图层前面的"小眼睛"图标 👁，使背景图层不可见，右击图层 1，在弹出的快捷菜单中选择"合并可见图层"命令，最后显示所有图层。

（14）选中图层 1，用"移动工具" ➤ 将其移至适当的位置，并按"Ctrl+T"组合键对其进行自由变换，效果如图 6-101 所示。

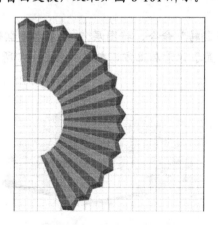

图 6-100　变换后的效果

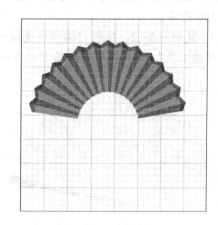

图 6-101　变换后的效果

（15）执行"图像→调整→色相/饱和度"命令，弹出"色相/饱和度"对话框，如图 6-102 所示，设置图像的色相为 45，饱和度为-30，明度为 17，效果如图 6-103 所示。

（16）新建图层 2，用"钢笔工具" ✎ 绘制扇柄，调整好形状、位置、大小等，如图 6-104 所示。

（17）切换到路径面板，选择"工作路径"，单击面板下方的"将路径作为选区载入"按钮 ○，将路径转换为选区，填充为深棕色（#502409），如图 6-105 所示。

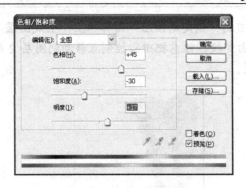

图 6-102 "色相/饱和度"对话框

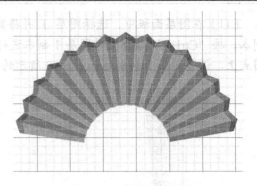

图 6-103 调整后的效果

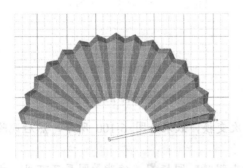

图 6-104 路径

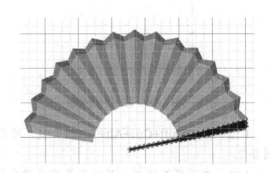

图 6-105 填充后的效果

（18）执行"窗口→样式"命令，在弹出的"样式"面板中，选择样式"条纹锥形（按钮）"，按"Ctrl+D"组合键取消选区，选择"编辑→自由变换"命令适当调整其大小，效果如图 6-106 所示。

（19）复制图层 2，执行"编辑→变换→水平翻转"命令，将图层 2 副本水平翻转，并选择"移动工具" ⊕将其移动到扇子的另一侧，置于背景层上方，效果如图 6-107 所示。

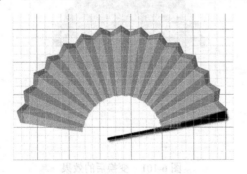

图 6-106 应用"样式"后的效果

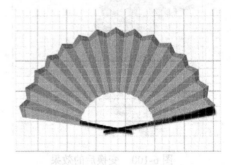

图 6-107 效果图

（20）新建图层 3，用"钢笔工具" ◊绘制骨架，如图 6-108 所示。

（21）切换到路径面板，选择"工作路径"，单击面板下方的"将路径作为选区载入"按钮 ○ ，将路径转换为选区，填充为深棕色（#502409），按"Ctrl + D"组合键取消选区，如图 6-109 所示。

（22）在图层面板中，选择图层 3 并将其拖曳到"创建新图层"图标 上，生成图层 3 副本，按"Ctrl + T"组合键对图层 3 副本进行自由变换，注意把中心控制点移动到扇柄的交点处，调整图层 3 副本到如图 6-110 所示的角度。

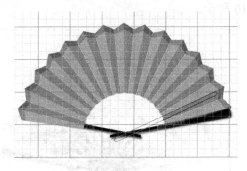

图 6-108　路径

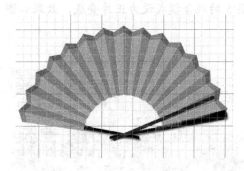

图 6-109　效果图

（23）按"Shift+Ctrl+Alt+T"组合键进行多次变换，效果如图 6-111 所示。将图层 1、图层、图层 2 副本、背景层设为不可见，用鼠标右击图层 3，在弹出的快捷菜单中选择"合并可见图层"命令，然后恢复所有图层可见。

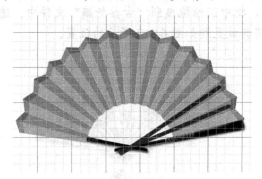

图 6-110　调整后的效果

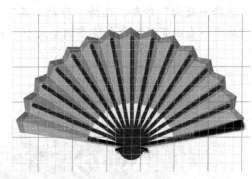

图 6-111　效果图

（24）将图层 3 拖至背景层之上，并对图层 3 应用"基本投影"样式，效果如图 6-112 所示。

（25）选择最顶端图层，新建图层 4，选择"画笔工具"✐，在工具选项栏中选择"尖角 9 像素"，在如图 6-113 所示的位置绘制一个圆点，并应用"超范围喷涂（文字）"样式。

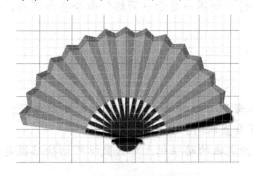

图 6-112　调整后的效果

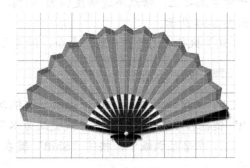

图 6-113　效果图

（26）打开素材图像文件"风景.bmp"，将其拖曳到折扇文件中，执行"编辑→自由变换"命令调整大小，如图 6-114 所示。

（27）选中图层 5，执行"编辑→变换→变形"命令，调至如图 6-115 所示的效果。将图层 5 的混合模式设为正片叠底，效果如图 6-116 所示。

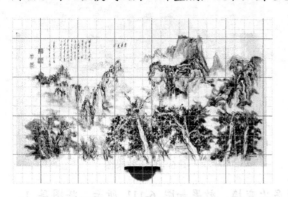
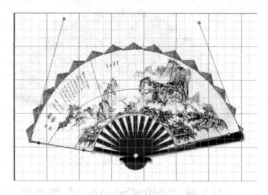

图 6-114　调整后的效果　　　　　　　　图 6-115　"变形"后的效果

（28）打开素材图像文件"中国结.jpg"，用"魔棒工具" ✎选择图像中的白色，然后执行"选择→反向"命令，选择"移动工具" ✛，把中国结拖曳到"古典折扇"文件中，选择"编辑→自由变换"命令适当调整大小，并将其放置到如图 6-117 所示的位置。

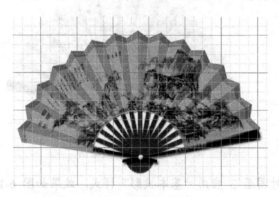

图 6-116　"正片叠底"后的效果　　　　　　图 6-117　添加"中国结"后的效果

（29）打开素材图像文件"折扇背景.jpg"，将图像拖动到"古典折扇"文件中，并将其置于背景层之上，修改不透明度值为 47%，执行"视图→显示→网格"命令去掉网格，效果如图 6-84 所示。

（30）执行"文件→存储"命令，保存文件。

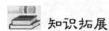　知识拓展

（1）创建参考线时，按"Shift"键拖动参考线可以将参考线紧贴到标尺刻度处；按"Alt"键拖移参考线可以将参考线更改为水平或垂直取向。

（2）在路径调板中，按住"Shift"键在路径调板的路径栏上单击鼠标可切换路径是否显示。

（3）在使用自由变换工具（Ctrl+T）时按住"Alt"键（Ctrl+Alt+T）即可复制原图层后在复制层上进行变换；"Ctrl+Shift+T"为再次执行上次的变换，"Ctrl+Alt+Shift+T"为复制原图后再执行变换。

案例 23 精美网页外壳

案例描述

本案例利用 Photoshop 的强大功能制作精美的网页外壳界面，完成如图 6-118 所示的效果。

图 6-118 效果图

 案例分析

● 通过选框工具、形状工具绘制基本图形。
● 通过"滤镜"、"色阶"、"样式"及"图层样式"等设置图形效果。
● 通过"修改"、"描边"等命令，编辑选区内容。
● 通过"文字工具"输入文字，并通过"文字变形"设置变形文字。

 操作步骤

（1）选择"文件→新建"命令，弹出如图 6-119 所示"新建"对话框，设置文件名为"网页设计"，文件大小为 600×500 像素，背景填充为白色。单击图层面板下方的"新建图层"按钮，新建图层 1。

（2）选择"椭圆选框工具"，按住"Shift"键绘制一个正圆形，并填充为黑色，按"Ctrl+D"组合键取消选择。再次按住"Shift"键，在刚刚绘制的黑圆中画一个小圆并按下"Delete"键，效果如图 6-120 所示。在图层面板中，拖动图层 1 至"新建图层"按钮上，新建图层 1 副本，并隐藏图层 1。

图 6-119 "新建"对话框

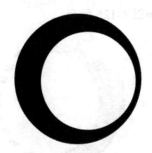

图 6-120 效果图

（3）选择图层 1 副本，用"椭圆选框工具" ○.画出如图 6-121 所示的椭圆选择区域，从顶部开始，每隔 40 pixels 按下键盘上的"Delete"键一次，效果如图 6-122 所示。

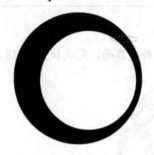 

图 6-121　椭圆选区　　　　　　　　　　图 6-122　效果图

（4）按"Ctrl"键，单击图层 1 副本图标，切换至通道面板，单击"将选区存储为通道"按钮 ▢，新建 Alpha 1 通道，按"Ctrl+D"组合键取消选区。选择 Alpha 1 通道，执行"滤镜→模糊→高斯模糊"命令，设置模糊半径为 4 像素，执行"图像→调整→色阶"命令，在弹出的如图 6-123 所示的"色阶"对话框中，将左右两个小箭头向中心拖动，直到图像的边缘非常干净为止，效果如图 6-124 所示。

 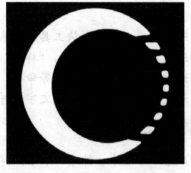

图 6-123　"色阶"对话框　　　　　　　　图 6-124　效果图

（5）回到图层面板，隐藏图层 1 副本，新建图层 2，执行"选择→载入选区"命令，在弹出的"载入选区"对话框中选择 Alpha 1 通道，执行"编辑→填充"命令，在选择区域中填充前景色。打开"样式"面板，选择"蓝色玻璃（按钮）"样式，效果如图 6-125 所示。

（6）选择图层 1，并使其可见，按"Ctrl"键单击图层 1 图标，执行"选择→修改→收缩"命令，设置收缩值为 5 像素。按"Ctrl+Shift+I"组合键反选选区，按"Delete"键删除，效果如图 6-126 所示。

图 6-125　效果图　　　　　　　　　　　图 6-126　效果图

（7）再次按"Ctrl"键单击图层 1 图标，执行"选择→修改→收缩"命令，设置收缩值为 3 像素，并按下"Delete"键将图层 1 的中心部分删除。单击图层面板下方的"添加图层样式"按钮 fx，选择"投影"命令，在弹出的如图 6-127 所示的对话框中设置不透明度值为 35%，效果如图 6-128 所示。

图 6-127 "图层样式"对话框   图 6-128 效果图

（8）按"Ctrl"键单击图层 2 图标，执行"编辑→合并拷贝"命令，接着执行"编辑→粘贴"命令，新建图层 3。按"Ctrl"键单击图层 3 图标，执行"选择→修改→收缩"命令，设置收缩值为 10 像素，按"Ctr+Shift+I"组合键反选选区，按"Delete"键删除，按"Ctrl+D"组合键取消选择。

（9）单击图层面板下方的"添加图层样式"按钮 fx，选择"投影"命令，选择"斜面和浮雕"，设置"内侧面"的深度为 51，方向向下，大小为 1，如图 6-129 所示。选择"等高线"，范围为 50。选择"内阴影"，混合模式为"正片叠底"，不透明度值为 18%，角度为 120，使用全局光，距离值为 5，其他为 0。选择"描边"，大小为 1，位置为内部，混合模式为正常，不透明度值为 100%，颜色为#1393ed。选择"矩形选框工具" ，在如图 6-130 所示的位置绘制矩形。

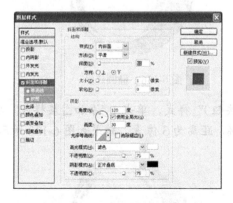

图 6-129 "图层样式"对话框   图 6-130 效果图

（10）按"Delete"键删除，按"Shift"键移动矩形选框，每移动一次，按一次"Delete"键，效果如图 6-131 所示。选择"椭圆选框工具" ，绘制如图 6-132 所示的椭圆，按"Delete"键删除，取消选区，选择"移动工具" ，适当调整图层 3 的位置，效果如图 6-133 所示。

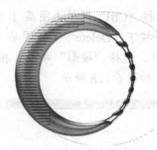

图 6-131　删除后的效果　　　　　　　　图 6-132　椭圆选区

（11）在背景层之上新建图层 4，选择"椭圆选框工具" ○.，按"Shift"键在如图 6-134 所示的位置绘制一个正圆，填充为灰色（#595959），按"Alt"键在如图 6-135 所示的位置绘制一个椭圆，按"Delete"键，同样在如图 6-136 所示的位置绘制一个椭圆，按"Delete"键，效果如图 6-137 所示。

图 6-133　效果图　　　　　　　　　　图 6-134　填充后的效果

图 6-135　椭圆选区　　　　　　　　　　图 6-136　椭圆选区

（12）在"样式"面板中选择"蓝色玻璃（按钮）"样式，单击 "添加图层样式"按钮 *fx*，选择"投影"命令，设置不透明度值为 97%，距离为 3 像素，效果如图 6-138 所示。

图 6-137　效果图　　　　　　　　　　图 6-138　效果图

（13）选择"椭圆选框工具" ○.，在如图 6-139 所示的位置绘制一个小正圆，并填充前景色（#595959），选择"移动工具" ▶┿，按住"Alt"键拖动小圆，复制小圆至其他位置。设置图层样式为"斜面和浮雕"，内侧面，平滑，深度为 1000，方向向下，大小为 3，效果如图 6-140 所示。

图 6-139 小正圆

图 6-140 效果图

（14）在背景层之上新建图层 6，参照第（11）步方法绘制如图 6-141 所示的图形。选择"椭圆选框工具" ○.，绘制如图 6-142 所示的椭圆选区，按"Ctrl+Shift+I"组合键进行反选选区，按"Delete"键删除。

图 6-141 效果图

图 6-142 椭圆选区

（15）为图层 6 添加"投影"图层样式，选择默认效果；添加"渐变叠加"图层样式，如图 6-143 所示，样式选择"径向"，效果如图 6-144 所示。复制图层 6，执行"编辑→变形→水平翻转"命令，并将图层 6 副本移动到如图 6-145 所示的位置。

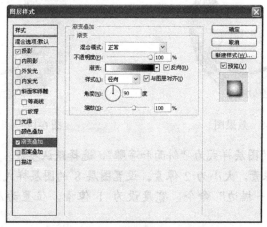
图 6-143 "图层样式"对话框

图 6-144   效果图

图 6-145   效果图

（16）在背景层之上新建图层 7，选择"椭圆选框工具" ○，绘制如图 6-146 所示的圆形。修改前景色为#212121，执行"编辑→描边"命令，在弹出的如图 6-147 所示的"描边"对话框中设置宽度为 9 像素，位置为居中；新建图层 8，将前景色设为#4B4B4B，执行"编辑→描边"命令，宽度为 5 像素，位置为内部，取消选择，效果如图 6-148 所示。

图 6-146   椭圆选区

图 6-147   "描边"对话框

（17）选择图层 8，绘制如图 6-149 所示的矩形选区，按"Delete"键删除，移动选区到圆环底部，同样按"Delete"键删除；选择图层 7，绘制如图 6-150 所示的椭圆选区，按"Delete"键删除，并取消选区。

图 6-148   效果图

图 6-149   矩形选区

（18）设置图层 8 的图层样式为"斜面和浮雕"，选择默认参数。设置图层 7 的图层样式为"投影"，距离为 2 像素，大小为 2 像素。设置图层 8 的图层样式为"斜面和浮雕"，选择默认参数。执行"编辑→描边"命令，宽度设为 1 像素，位置为居外，颜色为黑色，效果如图 6-151 所示。

图 6-150　椭圆选区　　　　　　　　　　　　图 6-151　效果图

（19）在所有层上新建图层，选择"文字工具"，输入"Welcome To My Website"，字体为 ALS Script，字号为 30 点，如图 6-152 所示。执行"编辑→变形→逆时针旋转 90 度"命令，单击"变形文字"按钮，设置拱形变换，如图 6-153 所示，选择"移动工具"，适当调整文字的位置，效果如图 6-154 所示。

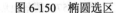

图 6-152　"文字工具"选项栏

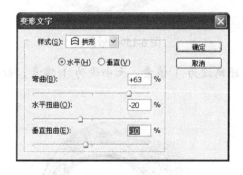

图 6-153　"变形文字"对话框　　　　　　图 6-154　效果图

（20）回到背景图层，新建图层 9。选择"圆角矩形工具"，参数设置如图 6-155 所示的工具选项栏，将前景色改为#737373， 绘制如图 6-156 所示的圆角矩形。

图 6-155　"圆角矩形工具"选项栏

（21）新建图层 10，选择"圆角矩形工具"，改变前景色为黑色，绘制如图 6-157 所示的按钮外形。打开"样式"面板，选择"蓝色玻璃（按钮）"样式，单击"添加图层样式"按钮，为该图层添加"投影"图层样式，距离设为 2，大小设为 2，效果如图 6-158 所示。

（22）按"Ctrl+T"组合键，执行自由变换，调整图层 10 至适当大小。多次复制图层 10，并进行移动，效果如图 6-159 所示。按"Ctrl"键选择刚刚复制的所有图层右击，在弹出的快捷菜单中选择"合并图层"命令，修改图层名称为"图层10"，如图 6-160 所示。

图 6-156　圆角矩形

图 6-157　圆角矩形

图 6-158　效果图

图 6-159　效果图

（23）为图层 10 添加"投影"图层样式，距离设为 1 像素，大小设为 1 像素，效果如图 6-161 所示。

图 6-160　"图层"面板

图 6-161　效果图

（24）在图层 10 下方新建图层 11，按"Ctrl"键单击图层 10 图标，选择"矩形选框工具"，在工具选项栏中单击"从选区中减去"按钮，在下边三个按钮的位置绘制一个矩形，效果如图 6-162 所示。

（25）执行"选择→修改→扩展"命令，扩展量为 2 像素。按"D"键恢复默认颜色(黑色前景，白色背景)，选择"渐变工具"从上到下填充选择区域，取消选择。

（26）复制图层 11，并将图层 11 副本移动到底部的按钮上。合并这两个图层，执行

"滤镜→模糊→高斯模糊"命令，半径设为 4 像素，效果如图 6-163 所示。

图 6-162　选区　　　　　　　　　　图 6-163　效果图

（27）在按钮上分别加上文字，效果如图 6-118 所示。

（28）执行"文件→存储"命令，保存文件。

 知识拓展

（1）按"Shift"键拖动选框工具限制选框为方形或圆形；按"Alt"键拖移选框工具从中心开始绘制选框；按"Shift+Alt"组合键拖动选框工具则从中心开始绘制方形或圆形选框。

（2）使用选框工具选择范围后，按住鼠标不放，再按空格键即可随意调整选取框的位置，放开后可再调整选取范围的大小。

（3）键盘上的"D"键、"X"键可迅速切换前景色和背景色。

（4）在"图层"调板中选择需要移动内容的图层，使用移动工具可任意拖动图层内容；按键盘上的方向键可将对象微移 1 个像素；按住"Shift"键并按键盘上的方向键可将对象微移 10 个像素。

 思考与实训

1. 根据提供的素材图片（见图 6-164），完成如图 6-165 所示效果的卡通胸章。

图 6-164　米老鼠原图　　　　　　　　图 6-165　效果图

提示：利用选框工具、魔术棒工具、橡皮擦工具、收缩、边界、羽化、自由变换、图层样式及滤镜等。

2．完成如图 6-166 所示的光束字效果。

提示：利用笔刷、路径、通道、渐变及图层样式等。

图 6-166　效果图

3．完成如图 6-167 所示的网站横条广告的制作。

提示：利用渐变、蒙版及钢笔工具等。

图 6-167　效果图

4．根据提供的素材图片（见图 6-168），制作一张手机海报（素材可自行追加）。

提示：开放题型，充分发挥想象，综合运用所学的 Photoshop 知识。

图 6-168　手机素材

读者意见反馈表

书名：Photoshop CS3 案例教程　　　　　主编：段　欣　　　　　策划编辑：关雅莉

> 　　谢谢您关注本书！烦请填写该表。您的意见对我们出版优秀教材、服务教学，十分重要。如果您认为本书有助于您的教学工作，请您认真地填写表格并寄回。我们将定期给您发送我社相关教材的出版资讯或目录，或者寄送相关样书。

个人资料

姓名＿＿＿＿＿年龄＿＿＿联系电话＿＿＿＿＿＿＿（办）＿＿＿＿＿＿（宅）＿＿＿＿＿＿＿（手机）

学校＿＿＿＿＿＿＿＿＿＿＿＿＿＿＿＿专业＿＿＿＿＿＿＿职称/职务＿＿＿＿＿＿＿＿＿＿

通信地址＿＿＿＿＿＿＿＿＿＿＿＿＿＿＿邮编＿＿＿＿＿＿E-mail＿＿＿＿＿＿＿＿＿

您校开设课程的情况为：

本校是否开设相关专业的课程　□是，课程名称为＿＿＿＿＿＿＿＿＿＿＿＿＿　□否

您所讲授的课程是＿＿＿＿＿＿＿＿＿＿＿＿＿＿＿＿＿＿课时＿＿＿＿＿＿＿＿＿

所用教材＿＿＿＿＿＿＿＿＿＿＿＿＿出版单位＿＿＿＿＿＿＿＿＿＿印刷册数＿＿＿＿

本书可否作为您校的教材？

□是，会用于＿＿＿＿＿＿＿＿＿＿＿＿＿＿课程教学　　　□否

影响您选定教材的因素（可复选）：

□内容　　　　□作者　　　　□封面设计　　□教材页码　　　□价格　　　□出版社

□是否获奖　　□上级要求　　□广告　　　　□其他＿＿＿＿＿＿＿＿＿＿＿＿＿＿＿

您对本书质量满意的方面有（可复选）：

□内容　　　　□封面设计　　□价格　　　　□版式设计　　　□其他＿＿＿＿＿＿＿＿＿

您希望本书在哪些方面加以改进？

□内容　　　　□篇幅结构　　□封面设计　　□增加配套教材　□价格

可详细填写：＿＿＿＿＿＿＿＿＿＿＿＿＿＿＿＿＿＿＿＿＿＿＿＿＿＿＿＿＿＿＿＿＿

＿＿＿＿＿＿＿＿＿＿＿＿＿＿＿＿＿＿＿＿＿＿＿＿＿＿＿＿＿＿＿＿＿＿＿＿＿＿＿

您还希望得到哪些专业方向教材的出版信息？

＿＿＿＿＿＿＿＿＿＿＿＿＿＿＿＿＿＿＿＿＿＿＿＿＿＿＿＿＿＿＿＿＿＿＿＿＿＿＿

**　感谢您的配合，可将本表按以下方式反馈给我们：**

【方式一】电子邮件：登录华信教育资源网（http://www.hxedu.com.cn/resource/OS/zixun/zz_reader.rar）下载本表格电子版，填写后发至 ve@phei.com.cn

【方式二】邮局邮寄：北京市万寿路 173 信箱华信大厦 902 室 中等职业教育分社 （邮编：100036）

**　如果您需要了解更详细的信息或有著作计划，请与我们联系。**

电话：010-88254475；88254591

反侵权盗版声明

　　电子工业出版社依法对本作品享有专有出版权。任何未经权利人书面许可，复制、销售或通过信息网络传播本作品的行为；歪曲、篡改、剽窃本作品的行为，均违反《中华人民共和国著作权法》，其行为人应承担相应的民事责任和行政责任，构成犯罪的，将被依法追究刑事责任。

　　为了维护市场秩序，保护权利人的合法权益，我社将依法查处和打击侵权盗版的单位和个人。欢迎社会各界人士积极举报侵权盗版行为，本社将奖励举报有功人员，并保证举报人的信息不被泄露。

举报电话：（010）88254396；（010）88258888

传　　真：（010）88254397

E-mail：dbqq@phei.com.cn

通信地址：北京市万寿路 173 信箱

　　　　　电子工业出版社总编办公室

邮　　编：100036